我的第一套百科全书

自然现象

ZIRAN XIANXIANG

青少科普编委会 编著

吉林出版集团
Jilin Publishing Group
吉林科学技术出版社
JiLin Science&Technology Publishing House

图书在版编目（CIP）数据

自然现象/《青少科普》编委会编著.一长春：
吉林科学技术出版社，2012.3（2019.1重印）
（青少科普）
ISBN 978-7-5384-5686-8

Ⅰ.①自… Ⅱ.①青… Ⅲ.①自然科学－青年读物②
自然科学－少年读物 Ⅳ.①N49

中国版本图书馆CIP数据核字（2012）第015575号

科普进校园

自然现象

编　　著　青少科普编委会
出 版 人　李　梁
特约编辑　怀　雷　刘淑艳　仲秋红
责任编辑　赵　鹏　万田继
封面插画　长春茗尊平面设计有限公司
封面设计　长春茗尊平面设计有限公司
制　　版　长春茗尊平面设计有限公司
开　　本　710×1000　1/16
字　　数　150千字
印　　张　10
版　　次　2012年3月第1版
印　　次　2019年1月第10次印刷

出　　版　吉林出版集团
　　　　　吉林科学技术出版社
发　　行　吉林科学技术出版社
地　　址　长春市人民大街4646号
邮　　编　130021
发行部电话/传真　0431-85635177　85651759　85651628
　　　　　　　　　85677817　85600611　85670016
储运部电话　0431-84612872
编辑部电话　0431-85630195
网　　址　http://www.jlstp.com
印　　刷　北京一鑫印务有限责任公司

书　　号　ISBN 978-7-5384-5686-8
定　　价　29.80元
如有印装质量问题　可寄出版社调换
　举报电话：0431-85635185

前言 QIANYAN

美丽的地球是人类共同的家园，大自然伟大的创造力塑造着地球上奇特的地理景观，布赖斯峡谷、大堡礁、乞力马扎罗山……都是大自然演绎的不老传奇。

风霜雨雪，花开花落，河水流淌都是大自然的内在规律，罕见的日食、美丽的流星、五彩的极光、绚丽的彩虹，还有严冬中美丽的雪花和雾凇……正是这些丰富的自然现象，让人类的生活变得多姿多彩。

目录 MULU

奇特地理

绚丽光彩

水中奇观

荒漠奇景

低温世界

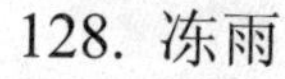

大气奥秘

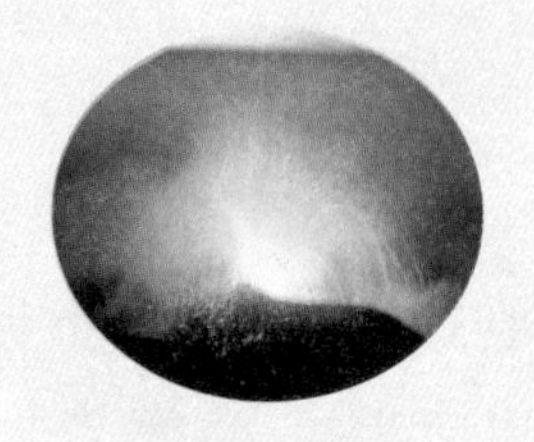

奇特地理

大自然是地球上最伟大的雕塑师，它以自己的鬼斧神工创造了地球上众多的地理奇观，神秘莫测的溶洞、绚丽多姿的化石林、神奇壮观的波浪谷、美丽迷人的大堡礁、高大雄伟的乞力马扎罗山……众多地理景观共同构成地球上的极致之美。

四季变化

地球上有四个不同的季节，这是由于地球在绕着太阳公转的过程中，地球南北所受到太阳照射的强度和太阳光线的角度不同，于是就出现了春、夏、秋、冬四季更替的现象。

春季

春季时，太阳直射点向北半球移动，北半球的白天变长，气温开始提升，树木发芽，百花盛开，万物复苏，候鸟开始从南方迁徙到北方。

夏季

夏季时，太阳直射北半球，所以北半球十分炎热。这时，白天时间变长，雷雨会经常出现，天空中雷声隆隆，电闪雷鸣，暴雨增多。夏至（每年6月21日或22日）是北半球白天最长的一天。

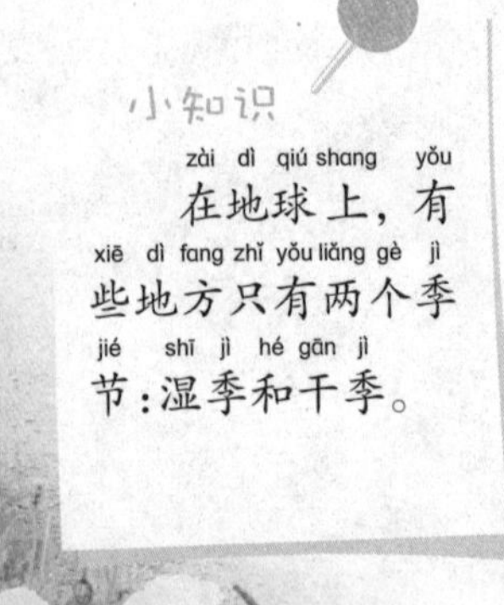

小知识
在地球上，有些地方只有两个季节：湿季和干季。

秋季

秋季来临时，太阳直射点向南移动，天气逐渐变冷。树叶开始变黄、脱落，夜晚逐渐变长。早晨总是雾蒙蒙的，有时也会结霜。候鸟开始向南方迁徙。

落叶缤纷的秋季

冬季

冬季是一年中最冷的季节，白天变得很短，天气十分寒冷而且多风，有时还会下雪。冬至（每年12月21日或22日）是北半球白天最短的一天。

四季变化的过程

不同的四季

在北半球，每年的3～5月为春季，6～8月为夏季，9～11月为秋季，12～2月为冬季。在南半球，各个季节的时间刚好与北半球相反。南半球是夏季时，北半球正是冬季；南半球是冬季时，北半球是夏季。

róng dòng
溶洞

róngdòng shì yī zhǒng tiān rán de dì xià dòng xué zài shí huī yán dì qū
溶洞是一种天然的地下洞穴。在石灰岩地区，
hán yǒu èr yǎng huà tàn qì tǐ de dì xià shuǐ huì duì shí huī yán jìn xíng qīn shí róng
含有二氧化碳气体的地下水会对石灰岩进行侵蚀溶
jiě jīng guò màncháng de suì yuè zhī hòu zuì zhōng jiù huì xíngchéng hù bù xiāng yī qiān zī bǎi tài
解，经过漫长的岁月之后，最终就会形成互不相依，千姿百态，
dǒu qiào xiù lì de shānfēng hé yōng yǒu qí yì jǐng guān de róngdòng
陡峭秀丽的山峰和拥有奇异景观的溶洞。

guì lín qī xīng yán
桂林七星岩

qī xīng yán yòumíng qī xiá dòng bì xū yán dòng nèi shí zhōng rǔ shí sǔn shí zhù shí
七星岩又名栖霞洞、碧虚岩，洞内石中乳、石笋、石柱、石
màn shí huā biànhuàn mò cè xuánmiào wú qióng zǔ chéng yī fú fú xuàn lì de tú jǐng dòng nèi
幔、石花，变幻莫测，玄妙无穷，组成一幅幅绚丽的图景。洞内
hái yǒushēn bù kě cè de shù jǐng hé dì xià àn hé
还有深不可测的竖井和地下暗河。

guì lín qī xīngyán
▼桂林七星岩

小知识

wǒ guó shì shì jiè
我国是世界
shang róng dòng zī yuán zuì wéi
上溶洞资源最为
fēng fù de guó jiā zhī yī
丰富的国家之一。

měng mǎ dòng
猛犸洞

wèi yú měi guó kěn tǎ jī zhōuzhōng bù shān qū de
位于美国肯塔基州中部山区的
měng mǎ dòng shì shì jiè shang zuì cháng de róngdòngqún yóu
猛犸洞是世界上最长的溶洞群，由
zuò róngdòng fēn wǔ céng zǔ chéng shàng xià zuǒ yòu xiāng
255座溶洞分五层组成，上下左右相
hù lián tōng dòngzhōng hái yǒu dòng wǎn rú yī gè jù
互连通，洞中还有洞，宛如一个巨
dà ér yòu qū zhé yōushēn de dì xià mí gōng měng mǎ dòng
大而又曲折幽深的地下迷宫。猛犸洞
yǐ róngdòng zhī duō zhī qí zhī dà chēngxióng shì jiè
以溶洞之多、之奇、之大称雄世界。

yún shuǐdòng
云水洞

běi jīngshàngfángshān de yúnshuǐ
北京上房山的云水
dòng yě shì wǒ guózhùmíng de róngdòng
洞也是我国著名的溶洞，
dòng nèi de shízhōng rǔ shí sǔn qiān
洞内的石钟乳、石笋千
zī bǎi tài lìng rén mù bù xiá jiē
姿百态，令人目不暇接。
zài shí bā luó hàntáng yī qún
在“十八罗汉堂”，一群
shí luó hàn qián hū hòuyōng cuò luò
石罗汉前呼后拥，错落
yǒu zhì xíng tài gè yì
有致，形态各异。

ténglóngdòng
腾龙洞

wǒ guó zuì cháng de róngdòng wèi
我国最长的溶洞位
yú hú běi shěng lì chuān shì téng lóng
于湖北省利川市腾龙
dòngfēngjǐngmíngshèng qū zhěng gè dòng
洞风景名胜区，整个洞
xué xì tǒng shí fēnpáng dà fù zá dòng
穴系统十分庞大复杂，洞
zhōngyǒushān shānzhōngyǒudòng shuǐ
中有山，山中有洞，水
dònghàndòngxiānglián dòngzhōngjǐngguān
洞旱洞相连，洞中景观
qiān zī bǎi tài shén mì mò cè téng
千姿百态，神秘莫测。腾
lóngdòng yǐ xióng xiǎn qí yōu
龙洞以雄、险、奇、幽、
jué de dú tè mèi lì chímíngzhōngwài
绝的独特魅力驰名中外。

róngdòng
▼ 溶洞

shí zhōng rǔ
石钟乳

zài shén mì mò cè de róngdòngzhōng wǒ menzǒng huì kàn dào xǔ duō qiān zī bǎi tài de shí zhōng
在神秘莫测的溶洞中，我们总会看到许多千姿百态的石钟
rǔ tā men shì róngdòngdǐng bù xiàng xià zēngzhǎng de tàn suān gài diàn jī wù shí zhōng rǔ de xíngchéng
乳，它们是溶洞顶部向下增长的碳酸钙淀积物。石钟乳的形成
wǎngwǎng xū yàoshàngwàn nián shèn zhì jǐ shí wàn nián de shí jiān suí zhe shí jiān de tuī yí zhè xiē
往往需要上万年甚至几十万年的时间。随着时间的推移，这些
chén jī wù jiù huì xíngchéng shí fēn zhuàngguān de tiān rán jiàn zhù wù
沉积物就会形成十分壮观的天然建筑物。

xíngchéngyuán yīn
形成原因

dānghán yǒu èr yǎnghuà tàn de shuǐshèn rù shí huī
当含有二氧化碳的水渗入石灰
yán xì fèngzhōnghòu huì róng jiě qí zhōng de tàn suān
岩隙缝中后，会溶解其中的碳酸
gài zhè róng jiě le tàn suān gài de shuǐ cóngdòngdǐng
钙。这溶解了碳酸钙的水，从洞顶
shang dī xià lái shí yóu yú shuǐ fèn zhēng fā èr
上滴下来时，由于水分蒸发、二
yǎnghuà tàn yì chū shǐ bèi róng jiě de gài zhì yòu biàn
氧化碳逸出，使被溶解的钙质又变
chéng gù tǐ yóushàng ér xià zhú jiànzēngzhǎng zuì
成固体，由上而下逐渐增长，最
zhōng jiù xíng chéng le
终就形成了
shí zhōng rǔ
石钟乳。

xíngzhuàng qí tè
◀形状奇特
de shí zhōng rǔ
的石钟乳

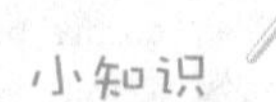
小知识

yóu yú xíng chéng shí
由于形成时
jiān màncháng shí zhōng rǔ duì
间漫长，石钟乳对
yuǎn gǔ dì zhì kǎo chá yǒu zhe
远古地质考察有着
zhòng yào de yán jiū jià zhí
重要的研究价值。

千姿百态

在溶洞底部常有许多碧澄的小湖，湖畔千姿百态的石头，往往就是石钟乳，它们有笋状、柱状、帘状、葡萄状，还有的似各种各样的花朵、动物、人物，清晰逼真，栩栩如生。

▲越南洞穴中的石钟乳

石笋

在溶洞内，洞顶上的水滴落下来时，水中所含的石灰质在地面上一点点沉积起来，就像地面上冒出的竹笋。由于石笋比较牢固，所以它的生长速度比石钟乳快。

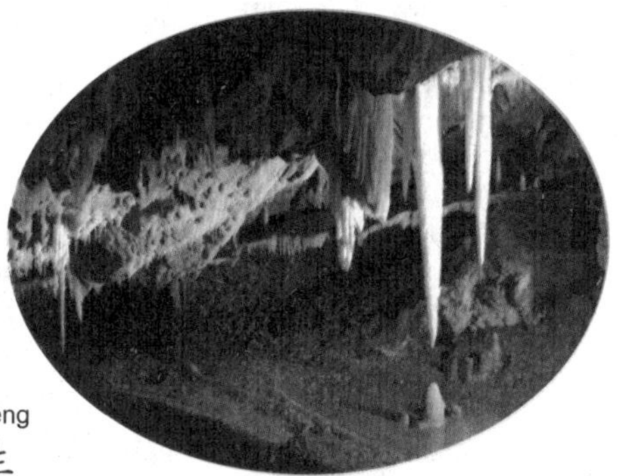

▲布克瓦岩洞中的石钟乳

石钟乳资源

我国石钟乳资源最丰富的省区是广西和云南。这两个省区所产的石钟乳光泽剔透，形状奇特，具有很高的观赏价值。

ā qiè sī yán gǒng
阿切斯岩拱

zài měi guó yóu tā zhōu de shā mò zhōng yǒu yī xiē gāo sǒng de yán gǒng guāng tū tū de lì zài
在美国犹他州的沙漠中，有一些高耸的岩拱光秃秃地立在
shā yán shang zài yáng guāng de zhào yào xià fā chū mí rén de guāng huī zhè jiù shì zhù míng de ā qiè
砂岩上，在阳光的照耀下发出迷人的光辉，这就是著名的阿切
sī yán gǒng zhèng shì zhè wú shù de yán gǒng hé shàng qiān zuò shí zhù wèi měi guó yóu tā zhōu huāng yuán
斯岩拱，正是这无数的岩拱和上千座石柱，为美国犹他州荒原
zēng tiān le bīn fēn de sè cǎi
增添了缤纷的色彩。

yán gǒng de xíng chéng
岩拱的形成

jǐ yì nián qián ā qiè sī yán gǒng suǒ zài de dì qū céng shì yī piàn dà hǎi hòu lái dà bù
几亿年前，阿切斯岩拱所在的地区曾是一片大海，后来大部
fen hǎi shuǐ tuì qù liú xià de bù fen hǎi shuǐ zhēng fā chéng hòu hòu de yán céng suí hòu cóng shān
分海水退去，留下的部分海水蒸发成厚厚的盐层，随后，从山
shang chōng xià lái de shā shí yǔ yán céng hùn hé duī jī chéng yán qiū zài jīng guò fēng shuāng yǔ xuě hé
上冲下来的沙石与盐层混合，堆积成盐丘。再经过风霜雨雪和
hé liú de bù duàn qīn shí zhè xiē yán
河流的不断侵蚀，这些“盐”
shí nèi bù zhōng yú bāo luò bēng tā
石内部终于剥落崩塌，
quē kǒu màn màn biàn dà yán gǒng
缺口慢慢变大，岩拱
yóu cǐ dàn shēng
由此诞生。

ā qiè sī yán gǒng
▼阿切斯岩拱

小知识

zài ā qiè sī yán gǒng dì qū gòng yǒu duō gè yán gǒng
在阿切斯岩拱地区，共有2000多个岩拱。

qí tè de pínghéng shí
奇特的平衡石

pínghéng shí shì zhè yī dì qū zuì zhùmíng de jǐng guān zhī yī zhè shì yī kuài gāo gāo de yán shí shangdǐng zhe yī kē jiān jiān de xiǎo shí tou liǎngkuài shí tou zhǐ yǒu hěnshǎo de jiē chù miàn kě jiù shì zài fēngchuī yǔ dǎ zhōng zhè gè pínghéng shí yǐ jīng chù lì qiānwànnián le

平衡石是这一地区最著名的景观之一，这是一块高高的岩石上顶着一颗尖尖的小石头，两块石头只有很少的接触面，可就是在风吹雨打中，这个平衡石已经矗立千万年了。

pínghéng shí
◀ 平衡石

chuí lǎo de xiāngǒng
垂老的纤拱

zhùmíng de xiāngǒng shì shì jiè zuì dà de yángǒng zhī yī tā fēi kuà mǐ gāo sān sì shí mǐ dǐng bù què yǐ biàn de hěn báo suí shí yǒu tān tā de kě néng suǒ yǐ shuō xiāngǒng yǐ jīng jìn rù le tā shēngmìngzhōng de mù nián

著名的纤拱是世界最大的岩拱之一，它飞跨100米，高三四十米，顶部却已变得很薄，随时有坍塌的可能，所以说，纤拱已经进入了它生命中的暮年。

gǒngmén
▶ 拱门

huǒ bì lú gǒng
火壁炉拱

huǒ bì lú gǒng shì yī qúnzhūhóng sè de shí dūn gāo dī cuò luò jù shuō zài xià wǔ de yángguāng xià shí tou tōng tǐ tōnghóng jiù hǎo xiàngdiǎn rán de bì lú

火壁炉拱是一群朱红色的石墩，高低错落，据说在下午的阳光下，石头通体通红，就好像点燃的壁炉。

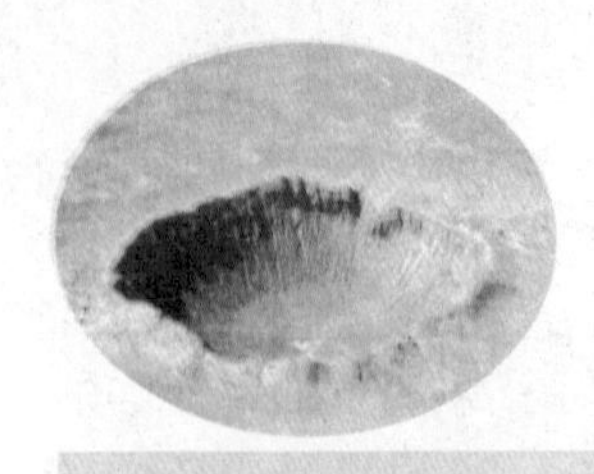

yǔn shí kēng 陨石坑

yǔn shí kēng shì yǔn shí gāo sù zhuàng jī dì biǎo huò qí tā tiān tǐ biǎo miàn suǒ xíngchéng de kēng xué zài yuè qiú shuǐ xīng huǒ xīngshang fēn bù zhe hěn duō de yǔn shí kēng yóu yú qīn shí zuò yòng yǐ jí gǔ lǎo dì mào bèi jiào nián qīng chén jī wù fù gài shǐ gǔ lǎo de yǔn shí kēng bù yì biàn rèn huò yǐ xiāo shī suǒ yǐ dì qiú shang suǒ fā xiàn de yǔn shí kēng bǐ jiào xī shǎo

陨石坑是陨石高速撞击地表或其他天体表面所形成的坑穴。在月球、水星、火星上，分布着很多的陨石坑。由于侵蚀作用以及古老地貌被较年轻沉积物覆盖，使古老的陨石坑不易辨认或已消失，所以地球上所发现的陨石坑比较稀少。

yóu kǎ tǎn yǔn shí kēng 尤卡坦陨石坑

wénmíng yú shì de yóu kǎ tǎn yǔn shí kēng wèi yú mò xī gē de yóu kǎ tǎn bàn dǎo qí kē sū lú bù xiǎozhèn fù jìn yǔn shí kēng xiān bèi shí yóu kān tàn gōngzuò zhě fā xiàn suí jí yòu bèi fèn jìn hàohángtiān fēi jī tōng guò yáo gǎn jì shùzhèng shí le tā de cún zài

闻名于世的尤卡坦陨石坑位于墨西哥的尤卡坦半岛奇科苏卢布小镇附近，陨石坑先被石油勘探工作者发现，随即又被“奋进”号航天飞机通过遥感技术证实了它的存在。

yóu kǎ tǎn yǔn shí kēng dà bù fen zài hǎi xià
▲尤卡坦陨石坑大部分在海下

bā lín jié yǔn shí kēng
▼巴林杰陨石坑

小知识

yǔn shí zài hǎi shang zhuàng jī suǒ zào chéng de wēi hài bǐ lù shang zhuàng jī de yào dà de duō

陨石在海上撞击所造成的危害比陆上撞击的要大得多。

kǒnglóng de zāi nàn
恐龙的灾难

rú jīn kē xué jiā men pǔ biàn rèn wéi wàn nián qián yī kē
如今，科学家们普遍认为，6500 万年前，一颗
zhí jìng dà yuē qiān mǐ de yǔn shí cóng tiān ér jiàng fēi kuài de zhuàng jī le jīn
直径大约10千米的陨石从天而降，飞快地撞击了今
tiān de mò xī gē yóu kǎ tǎn bàn dǎo
天的墨西哥尤卡坦半岛，
yǐn qǐ de jù dà hǎi xiào hé sēn lín dà
引起的巨大海啸和森林大
huǒ zuì zhōng dǎo zhì kǒnglóng de miè jué
火，最终导致恐龙的灭绝。

xiǎng xiàng zhōng de kǒng lóng táo nàn tú
▲ 想象中的恐龙逃难图

dì qiú de mó nàn
地球的“磨难”

yǒu xué zhě gū jì guò qù yì nián yǐ lái dì qiú zāo dào zhí jìng mǐ yǐ shàng
有学者估计，过去2.5亿年以来，地球遭到直径1000米以上
yǔn shí zhuàng jī de cì shù kě néng zài cì zuǒ yòu dàn qì jīn zhǐ fā xiàn le gè yǔn shí
陨石撞击的次数可能在440次左右，但迄今只发现了175个陨石
kēng qí zhōng bāo kuò yóu kǎ tǎn yǔn shí kēng zài nèi de gè dà yǔn shí kēng
坑，其中包括尤卡坦陨石坑在内的38个大陨石坑。

bā lín jié yǔn shí kēng
巴林杰陨石坑

dà yuē wàn nián qián yī kē zhí jìng mǐ de xiǎo xíng xīng yǐ měi miǎo qiān mǐ de gāo
大约5万年前，一颗直径40米的小行星，以每秒25千米的高
sù chōng jìn dì qiú dà qì céng zài xiàn jīn měi guó yà lì sāng nà zhōu liú xià yī gè dà kēng jí bā
速冲进地球大气层，在现今美国亚利桑那州留下一个大坑，即巴
lín jié yǔn shí kēng tā bèi chēng wéi quán shì jiè dì yī gè bèi kē xué jiā què rèn de yǔn shí kēng
林杰陨石坑，它被称为“全世界第一个被科学家确认的陨石坑”。

huǒ shān pēn fā
火山喷发

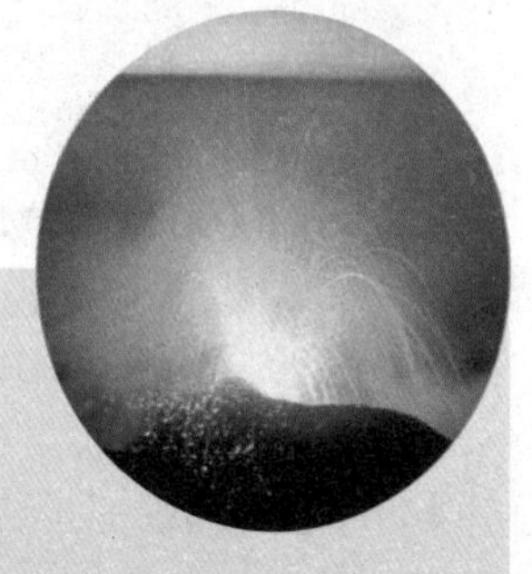

zài gāo wēn gāo yā huán jìng xià dì qiào nèi bù de yán jiāng cóng dì qiào bó ruò de dì fang chōng chū dì biǎo jiù xíng chéng le huǒ shān huǒ shān pēn fā shí cháng cháng zhē tiān bì rì fēi shā zǒu shí bìng bàn suí zhe jù dà de hōng míng shēng rú cǐ jīng tiān dòng dì de jǐng xiàng shí zài lìng rén xīn jīng dǎn zhàn

在高温高压环境下，地壳内部的岩浆从地壳薄弱的地方冲出地表就形成了火山。火山喷发时，常常遮天蔽日，飞沙走石，并伴随着巨大的轰鸣声，如此惊天动地的景象实在令人心惊胆战。

dì zhì xiànxiàng
地质现象

huǒ shān pēn fā shì yī zhǒng qí tè de dì zhì xiànxiàng shì dì qiào yùn dòng de yī zhǒng biǎo xiàn xíng shì yě shì dì qiú nèi bù rè néng zài dì biǎo de yī zhǒng zuì qiáng liè de xiǎn shì zhè gè zāi nàn xìng de zì rán xiànxiàng céng jīng shǐ hěn duō gǔ lǎo de wén míng xiāo shī yú shùn jiān

火山喷发是一种奇特的地质现象，是地壳运动的一种表现形式，也是地球内部热能在地表的一种最强烈的显示。这个灾难性的自然现象曾经使很多古老的文明消失于瞬间。

huǒ shān pēn fā
▼ 火山喷发

小知识

huǒ shān dì qū jǐng xiàng qí tè cháng cháng chéng wéi lǚ yóu shèng dì

火山地区景象奇特，常常成为旅游胜地。

huǒshān dài
火山带

dì qiú shang de huǒshān dōu hěn yǒu guī lǜ de fēn bù zài dà lù
地球上的火山都很有规律地分布在大陆
bǎn kuài de biān jiè wǒ men jiāng huǒshān fēn bù bǐ jiào jí zhōng de
板块的边界，我们将火山分布比较集中的
dì dài jiào zuò huǒshān dài quán shì jiè yǒu gè huǒshān dài huán
地带叫做火山带，全世界有4个火山带：环
tài píng yáng huǒshān dài dà yáng zhōng jǐ huǒshān dài dōng fēi liè
太平洋火山带、大洋中脊火山带、东非裂
gǔ huǒshān dài hé ā ěr bēi sī xǐ mǎ lā yǎ huǒshān dài
谷火山带和阿尔卑斯——喜马拉雅火山带。

kǎ ruì mǔ sī kǎ huǒshān bào fā
▶ 卡瑞姆斯卡火山爆发

yǐngxiǎng qì hòu
影响气候

huǒshān bào fā shí pēn chū de dà liàng huǒshān huī hé huǒshān qì tǐ duì qì hòu zào chéng jí dà
火山爆发时喷出的大量火山灰和火山气体，对气候造成极大
de yǐngxiǎng zhè xiē huǒshān wù zhì huì zhē zhù yáng guāng dǎo zhì qì wēn xià jiàng zài zhè zhǒng qíng
的影响。这些火山物质会遮住阳光，导致气温下降。在这种情
kuàng xià hūn àn de bái zhòu hé kuáng fēng bào yǔ shèn zhì ní jiāng yǔ dōu huì kùn rǎo dāng dì jū mín
况下，昏暗的白昼和狂风暴雨，甚至泥浆雨都会困扰当地居民
cháng dá shù yuè zhī jiǔ
长达数月之久。

zhùmíng de huǒshān
著名的火山

xià wēi yí qún dǎo shì shì jiè shang zhù
夏威夷群岛是世界上著
míng de huǒshān dǎo zhè lǐ zuò luò zhe jī
名的火山岛，这里坐落着基
lā wéi è huǒshān mào nà luó yà huǒshān
拉韦厄火山、冒纳罗亚火山
děng zhū duō huǒshān cǐ wài yì dà lì
等诸多火山。此外，意大利
de wéi sū wēi huǒshān fēi zhōu de ní lā
的维苏威火山、非洲的尼拉
gòng gē huǒshān nán měi zhōu de yóu yē yà
贡戈火山、南美洲的尤耶亚
kē huǒshān dōu wén míng xiá ěr
科火山都闻名遐迩。

xià wēi yí dǎo shang de mào nà luó yà huǒshān shì shì jiè zhù míng de huó huǒshān zhī yī
▲ 夏威夷岛上的冒纳罗亚火山是世界著名的活火山之一

bái sè xuán yá
白色悬崖

shì jiè wén míng de bái sè xuán yá wèi yú yīng guó dōng nán bù de duō fó ěr shì dà bù liè
世界闻名的白色悬崖位于英国东南部的多佛尔，是大不列
diān dǎo jù ōu zhōu dà lù zuì jìn de dì fang lì shǐ shang yī zhí shì bīng jiā bì zhēng zhī dì bái
颠岛距欧洲大陆最近的地方，历史上一直是兵家必争之地。白
sè xuán yá gāo gāo de sǒng lì yú hǎi miànshang qí shǎnshuò zhe de yào yǎn de bái sè shì xǔ duō háng
色悬崖高高地耸立于海面上，其闪烁着的耀眼的白色是许多航
hǎi jiā duì yīng gé lán de dì yī yìn xiàng
海家对英格兰的第一印象。

zhuàngguān de bái sè xuán yá
▲ 壮观的白色悬崖

jué bì wēi yá
绝壁危崖

bái sè xuán yá shì yī duànchuí zhí shēn rù hǎi lǐ jìn bǎi mǐ gāo
白色悬崖是一段垂直伸入海里近百米高
de jué bì cháo hǎi de yī miàn luǒ lù zhe bái sè yán shí yīn cǐ
的绝壁，朝海的一面裸露着白色岩石，因此
bèi chēng wéi bái sè xuán yá zhàn zài yá biān yuǎn tiào duō fó
被称为“白色悬崖”。站在崖边远眺，多佛
ěr hǎi xiá bái làng tāo tiān shuǐ tiān xiāng lián qì shì páng bó
尔海峡白浪滔天，水天相连，气势磅礴。

xíngchéngyuán yīn
形成原因

bái sè xuán yá shì yuǎn gǔ shí dài wú shù wēi shēng wù de qū tǐ hé fù hán tàn suān gài de bèi
白色悬崖是远古时代，无数微生物的躯体和富含碳酸钙的贝
ké sǐ hòu chén rù hǎi dǐ zài jīng guò chén jī zuò yòng hǎi shuǐ hé fēng lì de qīn shí zuò yòng zhú jiàn
壳死后沉入海底，再经过沉积作用、海水和风力的侵蚀作用逐渐
xíng chéng de
形成的。

小知识

tiān qì hǎo shí zhàn zài bái sè xuán yá shang yòng wàng yuǎn jìng kě yǐ kàn dào duì àn de fǎ guó
天气好时，站在白色悬崖上用望远镜可以看到对岸的法国。

sān miàn huán shān de duō fó ěr bái sè xuán yá
▲三面环山的多佛尔白色悬崖

zhēn guì de zhí wù
珍贵的植物

zài bái sè xuán yá shang shēng zhǎng yī zhǒng jiào zuò hǎi gān lán de zhí wù tā de yè piàn dà ér nèn lǜ huā duǒ wéi huáng sè nián yīng guó zhù míng de zhí wù xué jiā wēi lián mǔ tè nà jiù céng duì cǐ huā zuò guò miáo shù cǐ wài zhè lǐ hái shēng zhǎng zhe hǎi péng zǐ hǎi yīng sù hé jǐ zhǒng yě lán huā

在白色悬崖上生长一种叫做海甘蓝的植物，它的叶片大而嫩绿，花朵为黄色。1548年，英国著名的植物学家威廉姆·特纳就曾对此花作过描述。此外，这里还生长着海蓬子、海罂粟和几种野兰花。

gǔ chéng duō fó ěr
古城多佛尔

duō fó ěr shì yīng guó zhù míng de gǔ chéng tā sān miàn huán shān bèi guǎng mào yuán yě hé lǜ sè cóng lín suǒ huán rào yī miàn lín hǎi yī wēi zhe wān yán qū zhé lán rú bǎo shí bān de duō fó ěr hǎi wān cóng hǎi shang kàn xiǎo chéng yī tuō qīng shān lǜ lín yǔ lán hǎi xiāng yìng chéng qù qì shì xióng hún shí fēn mí rén

多佛尔是英国著名的古城，它三面环山，被广袤原野和绿色丛林所环绕，一面临海，依偎着蜿蜒曲折蓝如宝石般的多佛尔海湾。从海上看，小城依托青山绿林与蓝海相映成趣，气势雄浑，十分迷人。

guó huì jiāo
国会礁

zài měi guó xī bù yóu tā zhōu de huāng yě zhī zhōngsǒng lì zhe yī dào tiān rán de píngzhàng tā
在美国西部犹他州的荒野之中耸立着一道天然的屏障，它
shì yī piàn páng dà lìng rén shēng wèi de hóng yán qiào bì qiào bì shàngfāng fù gài yǒu rú qióngdǐng bān de
是一片庞大令人生畏的红岩峭壁，峭壁上方覆盖有如穹顶般的
bái sè yán céng lìng rén lián xiǎng dào měi guó de guó huì dà shà yīn cǐ dé míng guó huì jiāo
白色岩层，令人联想到美国的国会大厦，因此得名“国会礁”。

zì rán jǐngguān
自然景观

guó huì jiāo shì yī chù qí měi de
国会礁是一处奇美的
zì rán jǐngguān tā shì kē luó lā duō
自然景观，它是科罗拉多
gāoyuányáncéngzhòuzhě de tū chū bù fen
高原岩层皱褶的突出部分，
yóu duōzhǒng sè cǎi de yáncéng zǔ hé ér
由多种色彩的岩层组合而
chéng cháng dá shàng bǎi qiān mǐ zhè lǐ
成，长达上百千米。这里
de dì zhì jǐngguān jù yǒufēng fù de kǎo
的地质景观具有丰富的考
gǔ xué lì shǐ xué yán jiū jià zhí
古学、历史学研究价值。

guó huì jiāo de shí qiáo
▲ 国会礁的石桥

小知识

guó huì jiāo zhù míng de
国会礁著名的
jǐng guān hái yǒu bǎo cún wán hǎo
景观还有保存完好
de yìn dì ān rén de yán
的印第安人的岩
huà
画。

guó huì jiāo guó jiā gōngyuán
▼ 国会礁国家公园

形成过程

6500万年前，当时科罗拉多高原正在逐渐抬高，与其相连的其余部分相对下沉，造成岩层的大规模扭曲。但是，大块的岩石层没有在皱褶的部分断裂开来，而是自然地垂在皱褶上。再经过千百万年风沙侵蚀，渐渐形成了平行的山脊和峡谷相间的地貌。

▲ 国会礁红岩峭壁

波浪形的皱褶

这里最醒目的大地景观为南北纵横160千米的“水穴褶曲”。这块地域原本是海底的一部分，它们跟随科罗拉多高原一起经过几千万年从海底拱出水面，后就行成了这种波浪形的皱褶。

“水壶”

在国会礁的有些皱褶的地方，由于岩石的表面比较平滑，而且在其上有许多坑穴，每逢下雨时，就会积聚许多雨水，因而这些坑穴被人们称为“水壶”。

布莱斯峡谷

布莱斯峡谷是由千千万万根石柱组成的石柱阵，气势磅礴。其位于美国犹他州南部、科罗拉多河北岸，它像一个天然的罗马竞技场。当地的派尤特人说该区“直立的红色岩石就像站在一碗形峡谷中的人群”。

峡谷的诞生

大约 6000 万年以前，布莱斯峡谷所在的地区被淹没在水里，这里有一层由淤泥、沙砾和石灰组成的 600 米厚的沉积物。后来地壳运动使地面抬升，水逐渐退去，庞大的岩床断裂、被风化后就形成了如今奇形怪状景象。

▼ 布莱斯峡谷

小知识

冬季的布莱斯峡谷，红石、白雪、蓝天、翠柏，色彩斑斓，风姿楚楚。

hóng sè de bù lái sī xiá gǔ yán shí
▲ 红色的布莱斯峡谷岩石

sè cǎi bān lán de xiá gǔ
色彩斑斓的峡谷

yán shí suǒ hán de jīn shǔ chéng fèn zé gěi yī zuò zuò yán tǎ tiān shang le qí yì de sè cǎi
岩石所含的金属成分则给一座座岩塔添上了奇异的色彩。xiá gǔ nèi de yán shí chéng hóng、dàn hóng、huáng、dàn huáng děng duō zhǒng sè dù bù tóng de yán sè, jiā shang guāng cǎi biàn huàn, shǐ yán shí de sè zé guāng cǎi duó mù
峡谷内的岩石呈红、淡红、黄、淡黄等60多种色度不同的颜色，加上光彩变幻，使岩石的色泽光彩夺目。

měi guó de bīng mǎ yǒng
美国的“兵马俑”

zhàn zài xiá gǔ dǐng bù xiàng xià wàng, qiān qiān wàn wàn shí zhù wú shēng de sǒng lì zài jì jìng de xiá gǔ zhōng, fǎng fú chéng qiān shàng wàn zhěng zhuāng dài fā de jiàng shì zài mò mò děng dài zhe chū zhēng de hào lìng, nán guài yǒu rén yòu jiāng tā chēng zuò měi guó de "bīng mǎ yǒng"
站在峡谷顶部向下望，千千万万石柱无声地耸立在寂静的峡谷中，仿佛成千上万整装待发的将士在默默等待着出征的号令，难怪有人又将它称作美国的“兵马俑”。

shén qí de shí zhù
神奇的石柱

xiá gǔ zhōng de shí zhù yuǎn kàn zhěng zhěng qí qí, zǐ xì kàn, yǒu de xiàng fó xiàng, yǒu de zé xiàng dài zhe guān mào de dà chén, yǒu de dú zì yī gè, yǒu de jǐ shí gè lián zài yī qǐ, xiàng guó jì xiàng qí de qí zǐ mì mì má má de pái zhe, lìng rén jīng tàn bù yǐ
峡谷中的石柱远看整整齐齐，仔细看，有的像佛像，有的则像戴着官帽的大臣，有的独自一个，有的几十个连在一起，像国际象棋的棋子密密麻麻地排着，令人惊叹不已。

zhuàng guān de shí zhù qún
▼ 壮观的石柱群

huà shí lín
化石林

zài měi guó de yà lì sāng nà zhōu běi bù ā dá mǎ nà zhèn sì zhōu yǒu yī chù shì jiè shang
在美国的亚利桑那州北部阿达马那镇四周，有一处世界上
zuì dà zuì xuàn lì de huà shí lín jí zhōng dì zhè lǐ biàn bù wǔ cǎi bān lán rú tóngxiāng jīn
最大、最绚丽的化石林集中地，这里遍布五彩斑斓，如同镶金
dié yù de shù mù huà shí nián lún qīng xī wén lǐ míng xiǎn zài yángguāng zhī xià guāng cǎi duó mù
叠玉的树木化石，年轮清晰，纹理明显，在阳光之下光彩夺目，
shǐ rén yǎn huā liáo luàn
使人眼花缭乱。

shù mù huà shí
树木化石

zài zhè lǐ shù yǐ qiān jì de shù gàn huà shí dǎo wò zài dì miànshang zhí jìng píng jūn zài
在这里，数以千计的树干化石倒卧在地面上，直径平均在 1
mǐ zuǒ yòu cháng dù zài mǐ zhī jiān zuì cháng dá mǐ huà shí lín fēn piàn lín
米左右，长度在 15 ~ 25 米之间，最长达 40 米。化石林分 6 片林
qū zuì piàoliang de shì cǎi hóngsēn lín hái yǒu bì yù sēn lín shuǐ jīng sēn lín mǎ
区，最漂亮的是“彩虹森林”，还有“碧玉森林”“水晶森林”“玛
nǎo sēn lín hēi sēn lín hé lán sēn lín
瑙森林”“黑森林”和“蓝森林”。

shù gàn huà shí
▼树干化石

lì jīng cāng sāng
历经沧桑

huà shí lín shì shǐ qián lín mù yóu yú hóng shuǐ chōng shuā guǒ dài zhú jiàn bèi ní tǔ shā shí hé huǒ shān huī suǒ yǎn gài jǐ jīng dì zhì biàn qiān cāng hǎi sāng tián lù dì shàng shēng shǐ zhè xiē mái cáng dì xià de shù gàn chóng jiàn tiān rì

化石林是史前林木，由于洪水冲刷裹带，逐渐被泥土、沙石和火山灰所掩盖，几经地质变迁，沧海桑田，陆地上升，使这些埋藏地下的树干重见天日。

huà shí lín de huāng mò shā duī hé ní tǔ duī
▲化石林的荒漠沙堆和泥土堆

rǎn sè de shù gàn
染色的树干

rán ér zhè xiē shù gàn de mù zhì xì bāo jīng lì kuàng wù tián chōng hé gǎi tì de guò chéng yòu bèi róng yú shuǐ zhōng de tiě měng yǎng huà wù rǎn shang huáng hóng zǐ hēi hé dàn huī zhū sè zhè jiù chéng le jīn tiān de wǔ cǎi bān lán xiāng jīn dié yù de shù huà shí

然而这些树干的木质细胞经历矿物填充和改替的过程，又被溶于水中的铁、锰氧化物染上黄、红、紫、黑和淡灰诸色，这就成了今天的五彩斑斓，镶金叠玉的树化石。

小知识

rú jīn huà shí lín suǒ zài dì yǐ jīng jiàn lì le guó jiā gōng yuán zhàn dì miàn jī píng fāng qiān mǐ

如今，化石林所在地已经建立了国家公园，占地面积381平方千米。

yí shī de huà shí
遗失的化石

jù shuō zài zuì zǎo yī pī tàn xiǎn jiā fā xiàn huà shí lín zhī qián yán shí jīng tǐ de yán sè hái yào fēng fù de duō hòu lái suí zhe rén men fēn tà ér zhì jiāng jīng tǐ kāi cǎi yùn chū yuán wài xǔ duō céng jīng cháng jiàn de jīng tǐ xiàn zài yǐ jīng jiàn bù dào le

据说，在最早一批探险家发现化石林之前，岩石晶体的颜色还要丰富得多。后来，随着人们纷沓而至，将晶体开采运出园外，许多曾经常见的晶体，现在已经见不到了。

qiú zhǎng shí
酋长石

qiú zhǎng shí wèi yú měi guó jiā lì fú ní yà zhōng bù de yuē sè mǐ dì guó jiā gōngyuán nèi shì shì jiè shang zuì dà de yán shí zhī yī zài lì shǐ shang bīngchuān yùn dòng de zuò yòng xià zhè gè huā gāng yán shí tou bèi xiāo diào le yī bàn tā kàn qǐ lái xiǎn jùn zhuàngguān qiú zhǎng shí duì yú suǒ yǒu de pān yán zhě lái shuō shì yī gè jù dà de tiǎo zhàn

酋长石位于美国加利福尼亚中部的约瑟米蒂国家公园内，是世界上最大的岩石之一。在历史上冰川运动的作用下，这个花岗岩石头被削掉了一半，它看起来险峻壮观。酋长石对于所有的攀岩者来说是一个巨大的挑战。

lì jīng cāngsāng de qiú zhǎng shí
▼历经沧桑的酋长石

小知识

qiú zhǎng shí zì dǐ bù dào dǐng duān gāo dá mǐ
酋长石自底部到顶端高达1095米。

yìn dì ān chuánshuō
印第安传说

qiú zhǎng shí suǒ zài de dì fang shì zǎo qián yìn dì ān rén de jū zhù dì chuánshuō céng jīng yǒu yī wèi dé gāowàngzhòng de qiú zhǎng qù shì le dà jiā nán yǐ biǎo dá duì tā de sī niàn jiù yǐ tā de míng zì mìngmíng le zhè kuài jù shí xiàngzhēngzhe zhè wèi bèi zhěng gè bù luò suǒ zūnzhòng de qiú zhǎng rú jù shí bāngāng yì jiānqiáng

酋长石所在的地方是早前印第安人的居住地。传说曾经有一位德高望重的酋长去世了，大家难以表达对他的思念，就以他的名字命名了这块巨石，象征着这位被整个部落所尊重的酋长如巨石般刚毅坚强。

bèi bīng hé qiē qù yī bànshēn qū de qiú zhǎng shí
被冰河切去一半身躯的酋长石

qí tè de qiú zhǎng shí
奇特的酋长石

cóng bù tóng de jiǎo dù kàn guo qù qiú zhǎng shí yǒu zhe bù tóng de xíngzhuàng cóng xī běi miàn kàn guo qù tā shì yī gè lòu chū dì miàn de yuánxíng dà shí tou dàn shì tā de dōng nánmiàn shí fēn dǒu qiào jiù hǎoxiàngzhè biān bù zhī zài hé shí dǎo tā le xià qù yī yàng

从不同的角度看过去，酋长石有着不同的形状。从西北面看过去，它是一个露出地面的圆形大石头，但是它的东南面十分陡峭，就好像这边不知在何时倒塌了下去一样。

dì zhì xíngchéng
地质形成

bīng xuě shì zhè lǐ de chuàngzào zhě wàn niánqián de bīng hé chōngshuāzhe zhè piàn tǔ dì qiē gē chūshēnshēn de xiá gǔ diāozhuóchéngxiǎn jùn de shānfēng chuàngzào chū jù dà jīng měi de huā gāngyán kuài bīng hé jiāngzhè lǐ xī rì de xiǎo qiū biànchéng mù qiánxióngwěizhuàngguān de dì xíng

冰雪是这里的创造者，200万年前的冰河冲刷着这片土地，切割出深深的峡谷，雕琢成险峻的山峰，创造出巨大精美的花岗岩块，冰河将这里昔日的小丘变成目前雄伟壮观的地形。

yuē sè mǐ dì pù bù
约瑟米蒂瀑布

zài qiú zhǎng shí bù yuǎnchù zhuàngguān de yuē sè mǐ dì pù bù fēn sānduàn fǔ chōng ér xià wèi wéizhuàng guān zhè zuò jù dà de fēnduàn pù bù zǒngchángwéi mǐ shì shì jiè shí dà zuì gāo pù bù zhī yī jū běi měi pù bù gāo dù zhī guàn jù dà de shuǐ mù qiáng suí fēng yáo yè yuè guò shí bì jiàn shī mù qiáo jiāng zhōuwéi de cǎo mù lín de yù yù cōngcōng

在酋长石不远处，壮观的约瑟米蒂瀑布分三段俯冲而下，蔚为壮观。这座巨大的分段瀑布总长为739米，是世界十大最高瀑布之一，居北美瀑布高度之冠。巨大的水幕墙随风摇曳，跃过石壁，溅湿木桥，将周围的草木淋得郁郁葱葱。

zhuàng guān ér xiù měi de yuē sè mǐ dì pù bù
▼壮观而秀美的约瑟米蒂瀑布

bō làng gǔ
波浪谷

波浪谷是位于美国亚利桑那州北部朱红悬崖的帕利亚峡谷，其砂岩上的纹路像波浪一样，所以这片地方叫做波浪谷。由于这里到处都是红色的岩石，而且每一处都很相像，因此在这里非常容易迷路。

奇石风景区

波浪谷是一个由五彩缤纷的奇石组成的风景区。身处谷中，如同站在巨大的红色漩涡里，甚至有种一切在流动的错觉。

小知识

波浪谷展示了由数百万年的风、水和时间雕琢砂岩而成的奇妙世界。

◀ 使人眩晕的波浪谷

形成原因

波浪谷岩石的复杂纹路由1.5亿年前沉积的巨大沙丘组成。当时，这里沙丘不断地被一层层浸渍了地下水的红沙所覆盖，天长日久，水中的矿物质把沙凝结成了砂岩，最终形成了层叠状的结构。

令人目眩的纹路

后来，随着科罗拉多平原的上升，加上漫长的风蚀、水蚀，峡谷里砂岩的层次逐渐清晰地呈现出来。平滑的，具有雕塑感的砂岩和岩石上呈现出了流畅的纹路，创造了一种令人目眩的三维立体效果。

▲ 层次清晰的波浪谷的岩石纹路

纹路的变化

纤细的岩石纹路清楚地展示了沙丘沉积的运动过程。纹路的变化反映出每一层砂岩随着沉积矿物质的含量不同而产生的颜色深浅差异。

ào zhōu bō làng yán

澳洲波浪岩

bō làng yán shì wèi yú ào dà lì yà xī bù de gāo yuán de yī kuài dú tè de jù shí zài
波浪岩是位于澳大利亚西部的高原的一块独特的巨石。在
dǒu jùn de shí bì shang bù mǎn le zòngxiàng de bō làng shì de tiáo wén suǒ yǐ rén menchēng qí wéi bō
陡峻的石壁上布满了纵向的波浪似的条纹，所以人们称其为波
làng yán bō làng yán kě wèi míng fù qí shí tā jiù xiàng yī piàn xí juǎn ér lái de bō tāo jù làng
浪岩。波浪岩可谓名副其实，它就像一片席卷而来的波涛巨浪，
shí fēn zhuàngguān
十分壮观。

shēngdòng de bō làng

bō làng yán wèi yú xī ào dà lì yà zhōushǒu fǔ bǎi sī yǐ dōng qiān
波浪岩位于西澳大利亚州首府柏斯以东340千
mǐ chù de hǎi dùn fù jìn shǔ yú hǎi dēng yán běi bù zuì qí tè de yī bù
米处的海顿附近，属于海登岩北部最奇特的一部
fen yán shí biǎomiàn yǒu hēi sè huī sè hóng sè kā fēi sè hé
分，岩石表面有黑色、灰色、红色、咖啡色和
tǔ huáng sè de tiáo wén zhè xiē shēnqiǎn bù tóng de xiàn tiáo
土黄色的条纹，这些深浅不同的线条
shǐ bō làng yán kàn qǐ lái gèng jiā shēngdòng jiù
使波浪岩看起来更加生动，就
xiànggǔn gǔn ér lái de hǎi làng
像滚滚而来的海浪。

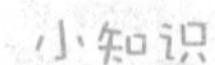

bō làng yán shì ào dà
波浪岩是澳大
lì yà zhù míng de lǚ yóu jǐng
利亚著名的旅游景
diǎn zhī yī
点之一。

shè yǐng shī de fā xiàn
摄影师的发现

nián yī wèi měi guó de shè yǐng shī zài yī cì lǚ xíngzhōng pāi shè le bō làng yán de huà
1963年，一位美国的摄影师在一次旅行中拍摄了波浪岩的画
miàn zài měi guó niǔ yuē de guó jì shè yǐng bǐ sài zhōnghuòjiǎng zhī hòuzhàopiàn yòuchéngwéi měi guó guó
面，在美国纽约的国际摄影比赛中获奖，之后照片又成为美国国
jiā dì lǐ zá zhì de fēngmiàn yī shí zhī jiānshēngmíng dà zào zhī hòu bō làng yánchéngwéi shè yǐng
家地理杂志的封面，一时之间声名大噪，之后波浪岩成为摄影
shī zhēngxiānkǒnghòu qǔ jǐng de dì diǎn
师争先恐后取景的地点。

bō làng yán de mìngmíng shì yīn wèi tā de xíngzhuàng hěn xiàng yī pái jí jiāng pò suì de jù dà qiě dòng jié le de bō làng
▲波浪岩的命名是因为它的形状很像一排即将破碎的巨大且冻结了的波浪

màncháng de xíngchéngguòchéng
漫长的形成过程

bō làng yán shì yóu huāgāngyán shí suǒ gòu chéng de dà yuē xíngchéng yú yì niánqián
波浪岩是由花岗岩石所构成的，大约形成于25亿年前，
jīng guò dà zì rán de fēngshuāng yǔ xuě bō làng yán de biǎomiàn bèi kè huàchéng āo xiàn de
经过大自然的风霜雨雪，波浪岩的表面被刻画成凹陷的
xíngzhuàng jiā zhī rì jī yuè lěi fēng yǔ de chōngshuā hé zǎo wǎn jù liè de wēn chā zhú
形状，加之日积月累风雨的冲刷和早晚剧烈的温差，逐
jiàn xíngchéng le bō làng yán rú jīn de xíngzhuàng
渐形成了波浪岩如今的形状。

qí tè de yán shí
奇特的岩石

bō làng yán fù jìn lìng yǒu yī zuò měi lì de yán shí míngjiào mǎ kǒu yán tā shì yī
波浪岩附近另有一座美丽的岩石，名叫马口岩。它是一
zuòkōng xīn yán wài xíngxiàng hé mǎ de zuǐ
座空心岩，外形像河马的嘴。
xiàng běi jǐ qiān mǐ chù hái yǒu yī zǔ qí tè xíng zhuàng de yán shí míngjiào tuó fēng yán
向北几千米处还有一组奇特形状的岩石，名叫驼峰岩。

mǎ kǒu yán
▲马口岩

jù rén zhī lù

巨人之路

jù rén zhī lù yòu chēng jù rén jiǎ shì yīng guó běi ài ěr lán ān tè lǐ mǔ jùn xī běi hǎi àn de jiǎ jiǎo tā yǐ qí jǐng rán yǒu xù páng bó de qì shì lìng rén tàn wéi guān zhǐ tā cóng qiào bì shēn zhì hǎi miàn shù qiān nián rú yī rì de yì lì zài dà hǎi zhī bīn

巨人之路又称巨人岬，是英国北爱尔兰安特里姆郡西北海岸的岬角，它以其井然有序，磅礴的气势令人叹为观止。它从峭壁伸至海面，数千年如一日地屹立在大海之滨。

zì rán de jiē tī

自然的阶梯

jù rén zhī lù shì yóu qiào bì shēn zhì hǎi miàn de wàn duō gēn liù biān xíng wǔ biān xíng huò sì biān xíng de shí zhù jù jí chéng yī tiáo mián yán shù qiān mǐ de dī dào nián rén lèi zhōng yú fā xiàn le zhè yī qí tè jǐng guān suí hòu wú shù mù míng ér lái de yóu rén tà shàng le zhè tiáo zì rán tiān chéng de jiē tī

巨人之路是由峭壁伸至海面的3.7万多根六边形、五边形或四边形的石柱聚集成一条绵延数千米的堤道。1692年，人类终于发现了这一奇特景观，随后，无数慕名而来的游人踏上了这条自然天成的阶梯。

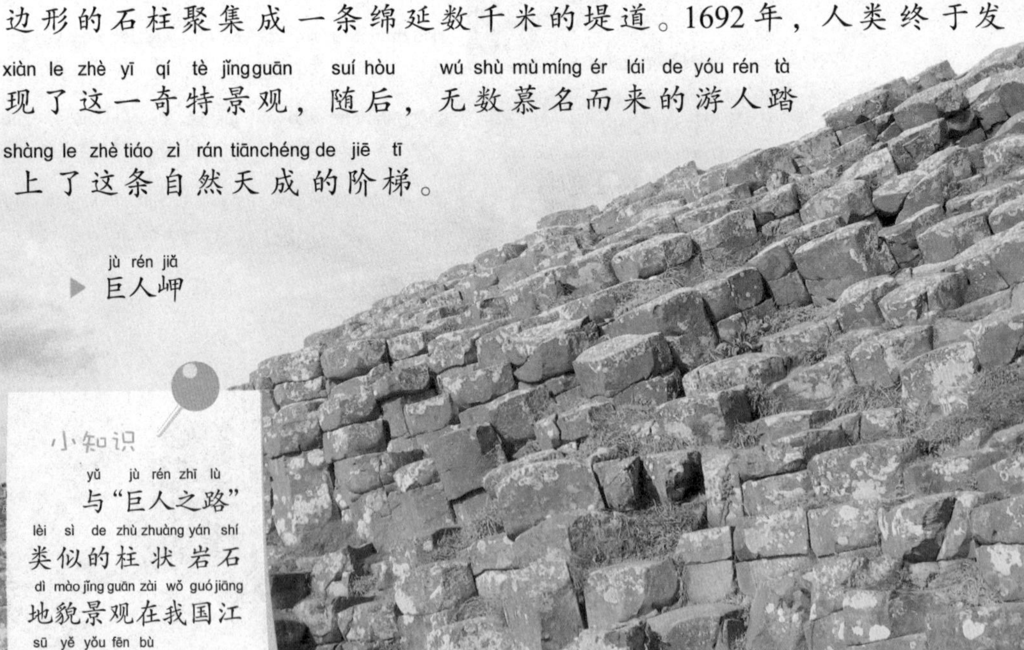

jù rén jiǎ

▶ 巨人岬

小知识

yǔ jù rén zhī lù lèi sì de zhù zhuàng yán shí dì mào jǐng guān zài wǒ guó jiāng sū yě yǒu fēn bù

与“巨人之路”类似的柱状岩石地貌景观在我国江苏也有分布。

鬼斧神工

这3.7万多根玄武岩石柱形状很规则，看起来好像是人工凿成的。有的石柱高达12米，矮的也有6米多，高低参差，错落有致，延伸向大海，宛若鬼斧神工的仙境。

◀ 巨人之路的石柱参差不齐

冷却的熔岩

巨人之路是由于地质运动产生的。在5000万～6000万年以前，地下的熔岩从裂缝中挤出，像河流一样流向大海。熔岩遇到海水后迅速冷却而变成固态，最终分裂成大的柱状体。

面临威胁

现在，由于全球变暖导致海平面上升，巨人之路正在面临威胁。科学家预测到21世纪末，随着海平面的上升，加之海浪和风暴袭击，到22世纪初，人们很可能将难以见到部分巨人之路上的独特景观。

▼ 面朝大海的巨人之路

峡湾

峡湾是一种由冰川作用形成的地貌景观。北欧国家挪威以峡湾闻名，在这里，无穷尽的曲折峡湾和无数的冰河遗迹构成了壮丽精彩的峡湾风光。此外，大洋洲的国家新西兰的峡湾风光也绝不逊色。

“峡湾国家”

挪威是欧洲纬度最高的国家，全境1/3的土地位于北极圈内，挪威的海岸线蜿蜒曲折长达2.5万千米，是南北疆域直线距离的10倍以上，其中主要的原因就是因为有着诸多的峡湾。

形成原因

远古时，这里覆盖着大量的冰川。从一万年前开始，冰川开始融化并向海洋移动，由此产生的巨大力量将山谷切割成U型，海水倒灌的地方就形成了峡湾。

挪威峡湾

sōng ēn xiá wān
松恩峡湾

níngjìng de sōng ēn xiá wān
宁静的松恩峡湾

zài zhòng duō de xiá wān
在众多的峡湾
zhōng sōng ēn xiá wān shì shì jiè
中，松恩峡湾是世界
zuì cháng zuì shēn de xiá wān
最长、最深的峡湾。
háng xíng zài píng rú jìng miàn de
航行在平如镜面的
sōng ēn xiá wānshang liǎng àn fēng
松恩峡湾上，两岸风
jǐng rú huà yuǎnchù qī jiě
景如画，远处“七姐
mèi fēng shang bái xuě ái ái lìng yī biān de fú lì yà pù bù qīng
妹峰”上白雪皑皑，另一边的弗利亚瀑布倾
xiè ér xià gěi rén yī zhǒngjīng xīn dòng pò de zhuàngguān zhī měi
泻而下，给人一种惊心动魄的壮观之美。

小知识

mǐ fó ěr xiá wān de
米佛尔峡湾的
shān jiàn pù bù zhòng duō suǒ
山涧瀑布众多，所
yǐ gāi xiá wān yòu yǒu qiān
以该峡湾又有“千
tiáo pù bù wān zhī chēng
条瀑布湾”之称。

mǐ fó ěr xiá wān
米佛尔峡湾

mǐ fó ěr xiá wān shì shì jiè zhùmíng de zhuàng lì xiá wān tóng shí yě shì zuì wán měi de bǎo cún
米佛尔峡湾是世界著名的壮丽峡湾，同时也是最完美地保存
le xīn xī lán zì rán jǐngguān de yī chù xiá wān zhè lǐ qīngshānníng bì lǜ shuǐ hán yōu guài shí
了新西兰自然景观的一处峡湾。这里青山凝碧，绿水含幽，怪石
lín xún pù bù fēi xiè wēi é de bīngchuān hé bái xuě ái ái de shānlǐng wú bù ràng rén jīng tàn
嶙峋，瀑布飞泻，巍峨的冰川和白雪皑皑的山岭，无不让人惊叹
dà zì rán de shén qí yǔ wěi dà
大自然的神奇与伟大。

mǐ fó ěr xiá wān
米佛尔峡湾

qǐ lì mǎ zhā luó shān 乞力马扎罗山

xióng wěi de qǐ lì mǎ zhā luó shān shì cū guǎng piāo hàn de fēi zhōu rén de xiàng zhēng tā wèi yú chì dào fù jìn de tǎn sāng ní yà dōng běi bù sù yǒu fēi zhōu wū jǐ zhī chēng zài chì dào fù jìn mào chū zhè yī jīng yíng de bīng xuě shì jiè shǐ qǐ lì mǎ zhā luó shān yǐ shén mì hé měi lì ér xiǎng yù shì jiè

雄伟的乞力马扎罗山是粗犷剽悍的非洲人的象征，它位于赤道附近的坦桑尼亚东北部，素有“非洲屋脊”之称，在赤道附近“冒”出这一晶莹的冰雪世界，使乞力马扎罗山以神秘和美丽而享誉世界。

xíng chéng yuán yīn 形成原因

zài dà yuē wàn nián qián dōng fēi běn shì yī gè jù dà ér píng tǎn de píng yuán zài fēi zhōu dà lù hé ōu yà dà lù xiāng zhuàng hòu dì qiào chū xiàn le jù dà de liè kǒu hé bó ruò diǎn dǎo zhì le gāi dì qū zhòng duō huǒ shān de xíng chéng qǐ lì mǎ zhā luó shān jiù shì qí zhōng zhī yī

在大约2500万年前，东非本是一个巨大而平坦的平原，在非洲大陆和欧亚大陆相撞后，地壳出现了巨大的裂口和薄弱点，导致了该地区众多火山的形成，乞力马扎罗山就是其中之一。

qǐ lì mǎ zhā luó shān
▲乞力马扎罗山

chì dào shang de bái xuě gōng zhǔ “赤道上的白雪公主”

qǐ lì mǎ zhā luó shān de jǐng sè yōu měi lún kuò xiān míng kù rè de rì zi lǐ shān lù de qì wēn yǒu shí gāo dá ér fēng dǐng de qì wēn yòu cháng zài gù yǒu chì dào shang de bái xuě gōng zhǔ zhī chēng

乞力马扎罗山的景色优美，轮廓鲜明。酷热的日子里，山麓的气温有时高达59℃，而峰顶的气温又常在−34℃，故有“赤道上的白雪公主”之称。

rì yì jiǎn shǎo de shān dǐng bīng guān
▲日益减少的山顶冰冠

liǎng gè zhǔ fēng
两个主峰

qǐ lì mǎ zhā luó shān yǒu liǎng gè zhǔ fēng yī
乞力马扎罗山有两个主峰，一
gè jiào jī bó lìng yī gè jiào mǎ wén jì liǎng fēng
个叫基博，另一个叫马文济，两峰
zhī jiān yǒu yī gè duō qiān mǐ cháng de mǎ ān xíng de
之间有一个10多千米长的马鞍形的
shān jǐ xiāng lián jī bó fēng dǐng huǒ shān kǒu de nèi bì
山脊相连。基博峰顶火山口的内壁
shì jīng yíng wú xiá de jù dà bīng céng dǐ bù sǒng lì
是晶莹无瑕的巨大冰层，底部耸立
zhe jù dà de bīng zhù bīng xuě fù gài wǎn rú jù
着巨大的冰柱，冰雪覆盖，宛如巨
dà de yù pén
大的玉盆。

yī dù xiāo shī de xuě guān
一度消失的“雪冠”

yīn quán qiú qì hòu biàn nuǎn hé huán jìng è huà jìn nián lái qǐ lì mǎ zhā luó shān dǐng de jī
因全球气候变暖和环境恶化，近年来，乞力马扎罗山顶的积
xuě róng huà bīng chuān tuì suō fēi cháng yán zhòng qǐ lì mǎ zhā luó shān xuě guān yī dù xiāo shī
雪融化，冰川退缩非常严重，乞力马扎罗山“雪冠”一度消失。
rú guǒ qíng kuàng chí xù è huà nián hòu qǐ lì mǎ zhā luó shān shang de bīng gài jiāng bù fù cún zài
如果情况持续恶化，15年后，乞力马扎罗山上的冰盖将不复存在。

yuǎn tiào qǐ lì mǎ zhā luó shān
▼远眺乞力马扎罗山

小知识

qǐ lì mǎ zhā luó shān
乞力马扎罗山
jù lí chì dào jǐn duō
距离赤道仅300多
qiān mǐ
千米。

kěn ní yà shān
肯尼亚山

kěn ní yà shān shì dōng fēi gāo yuánshang zhù míng de sǐ huǒ shān wèi yú kěn ní yà dōng bù
肯尼亚山是东非高原上著名的死火山，位于肯尼亚东部，
héng kuà chì dào shì fēi zhōu jǐn cì yú qǐ lì mǎ zhā luó shān de dì èr gāo fēng kěn ní yà shān
横跨赤道，是非洲仅次于乞力马扎罗山的第二高峰。肯尼亚山
yān wù liáo rào fēng dǐng ruò yǐn ruò xiàn bīng hé xíngchéng de shān gǔ jǐn kào qún shān dào chù chéng
烟雾缭绕，峰顶若隐若现，冰河形成的山谷紧靠群山，到处呈
xiàn yī piàn guī lì de jǐng sè
现一片瑰丽的景色。

huǒshānpēn fā xíngchéng
火山喷发形成

小知识

zì gǔ yǐ lái shēng huó zài kěn ní yà shāndāng dì de jī kù yóu rén yī zhí zūn zhè zuò shān wéi shèngshān
自古以来，生活在肯尼亚山当地的基库尤人一直尊这座山为“圣山”。

kěn ní yà shān shì yóu jiān xiē xìng huǒshānpēn fā xíngchéng de
肯尼亚山是由间歇性火山喷发形成的。
gōu gǔ dà dōu shì bīngchuān qīn shí zàochéng dà yuē yǒu gè dà
沟谷大都是冰川侵蚀造成，大约有 20 个大
xiǎo bù yī xíng tài gè yì de bīng dǒu hú tā men yóu rú kē kē
小不一，形态各异的冰斗湖，它们犹如颗颗
cuǐ càn de míngzhū xiāngqiàn zài kěn ní yà shān xióngzhuàng de shān tǐ shang
璀璨的明珠镶嵌在肯尼亚山雄壮的山体上。

kěn ní yà shāndǐng
▲肯尼亚山顶

shāndǐngbīngchuān
山顶冰川

kěn ní yà shān qì shì huī hóng zhōngnián de
肯尼亚山气势恢宏，终年的
jī xuě fù gài zài shāndǐng zhè lǐ de tiáo bīng
积雪覆盖在山顶，这里的12条冰
chuānzhōngnián bù huà yī zhí xiàngshānzhōng hǎi bá
川终年不化，一直向山中海拔
mǐ gāo de dì fang yánshēn qí zhōng lù
4300米高的地方延伸。其中，路
yì sī bīngchuān hé tíng dá ěr bīngchuān shì liǎng tiáo
易斯冰川和亭达尔冰川是两条
zuì dà de bīngchuān
最大的冰川。

sēn lín guǎngkuò
森林广阔

kěn ní yà shān zì rán sēn lín miàn jī guǎngkuò xuěsōng shì zhè lǐ zuì chángjiàn de shù mù lóng
肯尼亚山自然森林面积广阔。雪松是这里最常见的树木。隆
dōng jì jié yī kē kē xuěsōng pī zhe yī shēn jié bái de xuě yíngfēng ào xuě wēi rán yì lì
冬季节，一棵棵雪松披着一身洁白的雪，迎风傲雪，巍然屹立，
xiàng dà zì rán zhǎn shì chū jiān tǐng gāo jié de běn sè
向大自然展示出坚挺、高洁的本色。

kěn ní yà shānshang de zhí wù
▶肯尼亚山上的植物

yě shēngdòng wù de tiān táng
野生动物的天堂

zài kěn ní yà shān de sēn lín lǐ shēnghuó zhechángjǐng
在肯尼亚山的森林里生活着长颈
lù dà xiàng fèi fèi xiǎo língyáng yě zhū xiāng
鹿、大象、狒狒、小羚羊、野猪、香
māo tǔ láng yán lí bái wěi méng fēi zhōu xiàng
猫、土狼、岩狸、白尾獴、非洲象、
hēi xī niú dǎo líng hēi xiōng jǐ língděngdòng wù zhēn
黑犀牛、岛羚、黑胸麂羚等动物。珍
xī dòng wù yǒu dà língyáng kěn ní yà yǎn shǔ xī yì
稀动物有大羚羊、肯尼亚鼹鼠、蜥蜴
děng zhè lǐ shì yě shēngdòng wù de tiān táng
等，这里是野生动物的天堂。

dà bǎo jiāo
大堡礁

dà bǎo jiāo wèi yú ào dà lì yà kūn shì lán zhōu yǐ dōng bā bù yà wān yǔ nán huí guī xiàn
大堡礁位于澳大利亚昆士兰州以东，巴布亚湾与南回归线
zhī jiān de rè dài hǎi yù yóu duōzhǒngxuàn lì duō cǎi de shān hú zǔ chéng zào xíng qiān zī
之间的热带海域，由 400 多种绚丽多彩的珊瑚组成，造型千姿
bǎi tài cóngshàngkōng fǔ kàn ruò yǐn ruò xiàn de jiāo dǐng rú yàn lì de huā duǒ zài bì bō wàn
百态。从上空俯瞰，若隐若现的礁顶如艳丽的花朵，在碧波万
qǐng de dà hǎi shang nù fàng
顷的大海上怒放。

měi lì de shān hú jiāo
美丽的珊瑚礁

dà bǎo jiāo yóuzhòngduō bù tóng jiē duàn de shān hú jiāo shān hú dǎo shāzhōu hé xiè hú zǔ chéng
大堡礁由众多不同阶段的珊瑚礁、珊瑚岛、沙洲和泻湖组成，
zhè xiē shān hú jiāo yǒu de sì kāi píng de kǒngquè yǒu de xiàngxuězhōnghóngméi yǒu de húnyuán sì mó
这些珊瑚礁有的似开屏的孔雀，有的像雪中红梅；有的浑圆似蘑
gu yǒu de xiān xì rú lù róng yǒu de bái rú fēi shuāng yǒu de lǜ sì fěi cuì
菇，有的纤细如鹿茸；有的白如飞霜，有的绿似翡翠……

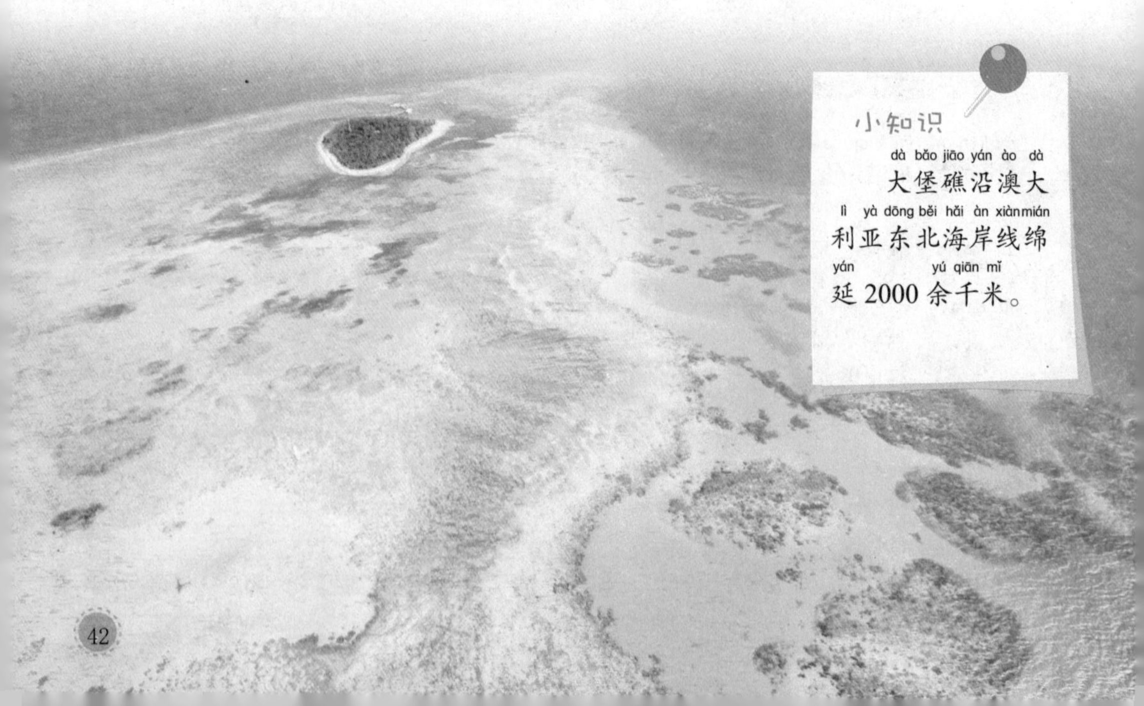

小知识

dà bǎo jiāo yán ào dà lì yà dōng běi hǎi àn xiànmián yán yú qiān mǐ
大堡礁沿澳大利亚东北海岸线绵延2000余千米。

如何形成

珊瑚虫是大堡礁的建筑师，它们以浮游生物为食，群体生活，能分泌出石灰质骨骼。老一代珊瑚虫死后留下遗骸，新一代继续发育繁衍，如此年复一年，日积月累，珊瑚虫分泌的石灰质骨骼，连同藻类、贝壳等海洋生物残骸胶结一起，堆积成一个个珊瑚礁体。

▶ 珊瑚虫死后堆积而形成珊瑚礁

海洋生物博物馆

大堡礁还是一座巨大的天然海洋生物博物馆。礁上椰树、棕榈树挺拔遒劲、郁郁葱葱。珊瑚丛中游曳着众多的软体动物，这里也是儒艮和大绿龟等濒临灭绝动物的栖息之地。

千奇百怪的鱼

大堡礁海域生活着大约1500种热带海洋鱼类，有泳姿优雅的蝴蝶鱼，有色彩华美的雀鲷，漂亮华丽的狮子鱼，还有天使鱼、鹦鹉鱼等各种热带观赏鱼。

▲ 狮子鱼

shí èr shǐ tú yán
十二使徒岩

zuò wéi ào dà lì yà de dì lǐ biāo zhì zhī yī shí èr shǐ tú yán yòu yī cì zhǎn xiàn le
作为澳大利亚的地理标志之一，十二使徒岩又一次展现了
dà zì rán de guǐ fǔ shéngōng zhè xiē xióng wěi de shí zhù kānchēng hǎi yáng hé lù dì zhuàng jī chū de
大自然的鬼斧神工。这些雄伟的石柱堪称海洋和陆地撞击出的
měi lì jié zuò zhì jīn bù fen shí zhù réng yǐ bù tóng zào xíng fēng zī chuò yuē de yì lì zài hǎi shang
美丽杰作，至今，部分石柱仍以不同造型风姿绰约地屹立在海上。

míng zi de yóu lái
名字的由来

shí èr shǐ tú yán yóu hǎi biān shí èr kuài gè zì dú lì de yán shí gòuchéng qí shùliàng jí xíng tài qià qiǎo kù sì yē sū de shí èr shǐ tú yīn cǐ jiù yǐ shèng jīng gù shì lǐ de zhè shí èr shǐ tú jiā yǐ mìngmíng
十二使徒岩由海边十二块各自独立的岩石构成，其数量及形态恰巧酷似耶稣的十二使徒，因此就以《圣经》故事里的这“十二使徒”加以命名。

chūchénměi jǐng
出尘美景

shí èr kuài jù dà de jiāo shí jǐn kào zhe hǎi àn xiàn yì lì zài hǎi làng de chōng jī xià xiǎn de gèng jiā zhuàng lì ér zhè lǐ de tiān qì guǐ jué duō biàn shǐ dé shí èr shǐ tú yángèngzēngtiān jǐ fēnshén mì sè cǎi zhèzhǒngzhènshè xīn líng de chūchénměi jǐng wú lùn rú hé shì rén lèi suǒ wú fǎ páo zhì de
十二块巨大的礁石紧靠着海岸线屹立，在海浪的冲击下，显得更加壮丽。而这里的天气诡谲多变，使得十二使徒岩更增添几分神秘色彩，这种震慑心灵的出尘美景，无论如何，是人类所无法炮制的。

zhuàngměi de shí èr shǐ tú yán
▼ 壮美的十二使徒岩

大自然的杰作

十二使徒岩原本是火山熔岩，经历了数万年海水、雨水和劲风的侵蚀，才从普通的岩石脱胎换骨变成惟妙惟肖的石柱。越南下龙湾海面、我国海南的三亚、浙江的舟山群岛以及青岛的崂山海面都有岩柱景观，但都不及十二使徒岩壮观。

▲海岸上奇特的景观是大自然的杰作

小知识

十二使徒岩位于澳大利亚东南海岸的坎贝尔港附近，濒临南印度洋。

崩塌的岩柱

近年来，十二使徒岩中的几块都先后崩塌了，如今，十二使徒岩只剩下了“八位”。最近的一次崩塌发生在2005年7月3日。据估计，这块岩柱在崩塌前至少抵挡了6000年的海浪冲击。

▼部分石柱仍屹立在海边

shā yú wān
鲨鱼湾

shā yú wān shì ào dà lì yà dà lù zuì xī duān yìn dù yángshang de yī gè hǎi wān zhè lǐ
鲨鱼湾是澳大利亚大陆最西端印度洋上的一个海湾，这里
yǒu lǜ bǎo shí bān de hǎi shuǐ wèi lán de tiān kōng zhuàngguān de hǎi tān zhòng yào de hǎi cǎo
有绿宝石般的海水、蔚蓝的天空、壮观的海滩、重要的海草
chuáng yīn ér zhè lǐ chéng le hǎi yángshēng wù de lè yuán cǐ wài qí tè de dì mào hǎn jiàn
床，因而这里成了海洋生物的乐园。此外，奇特的地貌、罕见
de shēng wù qún luò hái jù yǒu zhòng yào de yán jiū jià zhí
的生物群落还具有重要的研究价值。

sān dà zì rán jǐngguān
三大自然景观

shā yú wān bèi hǎi dǎo hé lù dì suǒhuánrào yǐ qí zhōngsān gè wú kě bǐ nǐ de zì rán jǐng
鲨鱼湾被海岛和陆地所环绕，以其中三个无可比拟的自然景
guān ér zhùchēng jí shì jiè shang zuì dà de hé zuì fēng fù de hǎi yáng zhí wù biāo běn shì jiè shang
观而著称，即世界上最大的和最丰富的海洋植物标本，世界上
shùliàng zuì duō de rú gèn hé diécéng shí zài shā yú wān nèi
数量最多的儒艮和叠层石。在鲨鱼湾内，
hái tóng shí bǎo hù zhe wǔ zhǒng bīn wēi bǔ rǔ dòng wù
还同时保护着五种濒危哺乳动物。

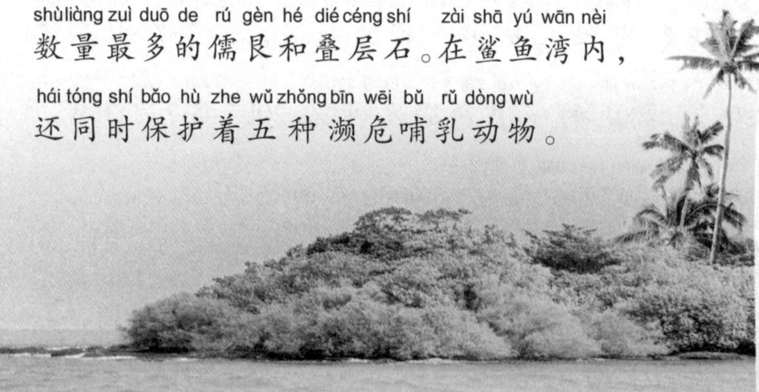

小知识

nián lián hé
1991年，联合
guó jiào kē wén zǔ zhī jiāng shā
国教科文组织将鲨
yú wān liè rù shì jiè yí
鱼湾列入《世界遗
chǎnmíng lù
产名录》。

jù dà de hǎi cǎochuáng

巨大的海草床

shā yú wān qiǎn hǎi àn wēn nuǎn de hǎi shuǐ wèi hǎi cǎo shēng
鲨鱼湾浅海岸温暖的海水为海草生
zhǎng tí gōng le lǐ xiǎng de tiáo jiàn zhè lǐ hǎi cǎo píng yuán de
长提供了理想的条件，这里海草平原的
miàn jī fēi cháng guǎng kuò dá dào duō píng fāng qiān mǐ
面积非常广阔，达到4000多平方千米，
zhǒng lèi yě yǒu zhǒng zhī duō zhè duì yú hǎi yáng gōng yuán hé
种类也有12种之多，这对于海洋公园和
kē xué yán jiū jù yǒu fēi cháng zhòng yào de yì yì
科学研究具有非常重要的意义。

míng zì de yóu lái

名字的由来

yóu yú zhè lǐ yǒu shì jiè shang zuì dà de yú lèi
由于这里有世界上最大的鱼类——
jīng shā suǒ yǐ bèi mìng míng wéi shā yú wān jīng shā yǔ qí tā shā yú bù tóng suī rán tǐ xíng jù
鲸鲨，所以被命名为鲨鱼湾。鲸鲨与其他鲨鱼不同，虽然体形巨
dà dàn xìng qíng wēn hé shí wù zhǔ yào yǐ fú yóu shēng wù wéi zhǔ
大，但性情温和，食物主要以浮游生物为主。

dié céng shí

叠层石

dié céng shí shì yī zhǒng jù yǒu hěn xì wén céng de shí huī yán huò bái yún yán shì dì qiú zuì gǔ
叠层石是一种具有很细纹层的石灰岩或白云岩，是地球最古
lǎo de shēng mìng tǐ huà shí shā yú wān dì qū de xiàn dài dié céng shí qún luò shì shì jiè shang zuì zhòng
老的生命体化石。鲨鱼湾地区的现代叠层石群落是世界上最重
yào de diǎn xíng dì mào
要的典型地貌。

shā yú wān de dié céng shí
▼ 鲨鱼湾的叠层石

huái tè dǎo

怀特岛

dà yángzhōu de xīn xī lán fǎng fú shì yī gè wēi xíng dì qiú zhè lǐ yōng yǒu xuě shān zhǎo zé huǒ shān bīng hé děng gè zhǒng dì mào huái tè dǎo shì xīn xī lán wéi yī de hǎi yáng huó huǒ shān suī rán huǒ shān kǒu dī yú hǎi píng miàn què yīn sì zhōu gāo sǒng de yán bì xíngchéng le tiān rán píngzhàng zào jiù chū dú yī wú èr de shuǐ píng xiàn xià huó huǒ shān

大洋洲的新西兰仿佛是一个微型地球，这里拥有雪山、沼泽、火山、冰河等各种地貌。怀特岛是新西兰唯一的海洋活火山，虽然火山口低于海平面，却因四周高耸的岩壁形成了天然屏障，造就出独一无二的水平线下活火山。

dì lǐ gài kuàng

地理概况

huái tè dǎo wèi yú xīn xī lán fēngshèngwān tā yóu sān zuò huǒshānzhuī zǔ chéng shì xīn xī lán zuì huó yuè de huǒshān xíngzhuàngxiàng mǎ tí huái tè dǎo shì xīn xī lán zuì lìng rén jīng qí de zì rán qí guān zhī yī

怀特岛位于新西兰丰盛湾，它由三座火山锥组成，是新西兰最活跃的火山，形状像马蹄。怀特岛是新西兰最令人惊奇的自然奇观之一。

huái tè dǎoshang de huǒshānkǒu

▲怀特岛上的火山口

pēn fā de huǒshānkǒu

喷发的火山口

zuì niánqīng de huǒshānzhuī jīng chángpēn fā rè shuǐ zhēng qì hé yǒu dú qì tǐ cónghuǒshānkǒu yì chū yǒu jì lù wēn dù céng dá dào huǒshānkǒu de dì miàn bèi huǒshān huī fù gài

最年轻的火山锥经常喷发，热水、蒸汽和有毒气体从火山口溢出。有记录温度曾达到800℃。火山口的地面被火山灰覆盖。

dà hǎi zhōng de gū dǎo
大海中的孤岛

yuǎn tiào huái tè dǎo, tā de huǒ shān kǒu dī yú hǎi píng miàn, sì zhōu yǒu gāo sǒng de yán bì dǎng zhù hǎi shuǐ. suī rán xiǎo dǎo bèi máng máng dà hǎi suǒ wéi rào, dàn huǒ shān kǒu shang què yǐ xíng chéng le yī gè fēng bì qū, bù huì bèi hǎi shuǐ qīn xí. fēng bì qū jī zhe suān xìng rè shuǐ, zhè shì yóu yǔ shuǐ suǒ xíng chéng.

远眺怀特岛，它的火山口低于海平面，四周有高耸的岩壁挡住海水。虽然小岛被茫茫大海所围绕，但火山口上却已形成了一个封闭区，不会被海水侵袭。封闭区积着酸性热水，这是由雨水所形成。

小知识

huái tè dǎo de lù dì yóu lǎn miàn jī yuē 4 píng fāng qiān mǐ.

怀特岛的陆地游览面积约4平方千米。

pēn qì dòng
喷气洞

huǒ shān dǎo shang yǒu xǔ duō pēn qì dòng, měi yī gè pēn qì dòng de wēn dù dōu bù xiāng tóng, yǒu xiē pēn chū de qì tǐ hái hán yǒu dú xìng.

火山岛上有许多喷气洞，每一个喷气洞的温度都不相同，有些喷出的气体还含有毒性。

fǔ kàn huái tè dǎo
▼俯瞰怀特岛

绚丽光彩

地球是宇宙中一颗普通的行星,也是太阳系中的八大行星之一。由于地球的公转和自转，地球上产生了一系列神奇的自然现象，不断更替的白昼和夜晚、神奇的天文景观日食和月食，美丽的流星,绚丽的极光……

zhòu yè gēng tì
昼夜更替

dì qiú shì yǔ zhòu yī kē pǔ tōng de xíng xīng tā měi tiān dōu zài yùn dòng chú le wéi rào
地球是宇宙一颗普通的行星，它每天都在运动。除了围绕
tài yáng gōng zhuàn wài tā hái zài yǐ dì zhóu wéi zhōng xīn zì zhuàn yú shì dì qiú chǎn shēng le zhòu
太阳公转外，它还在以地轴为中心自转，于是，地球产生了昼
yè gēng tì de xiàn xiàng zhòu yè gēng tì shǐ zhěng gè dì qiú biǎo miàn dé dào le jūn yún de rè liàng
夜更替的现象。昼夜更替使整个地球表面得到了均匀的热量，
bǎo zhèng le dì qiú shang shēng mìng de shēng cún hé fā zhǎn
保证了地球上生命的生存和发展。

bù tòu míng de qiú tǐ
不透明的球体

小知识

rì jiè xiàn shì dì qiú shang dōng xī qū de gòng tóng jīng xiàn jí dōng xī jīng xiàn
日界线是地球上东西12区的共同经线，即东西180°经线。

yóu yú dì qiú shì yī gè bù fā guāng qiě bù tòu míng de qiú tǐ
由于地球是一个不发光且不透明的球体，
tóng yī shùn jiān yáng guāng zhǐ néng zhào liàng bàn gè dì qiú bèi yáng guāng
同一瞬间阳光只能照亮半个地球，被阳光
zhào liàng de bàn gè dì qiú shì bái zhòu méi yǒu bèi yáng guāng zhào liàng
照亮的半个地球是白昼，没有被阳光照亮
de bàn gè dì qiú shì hēi yè
的半个地球是黑夜。

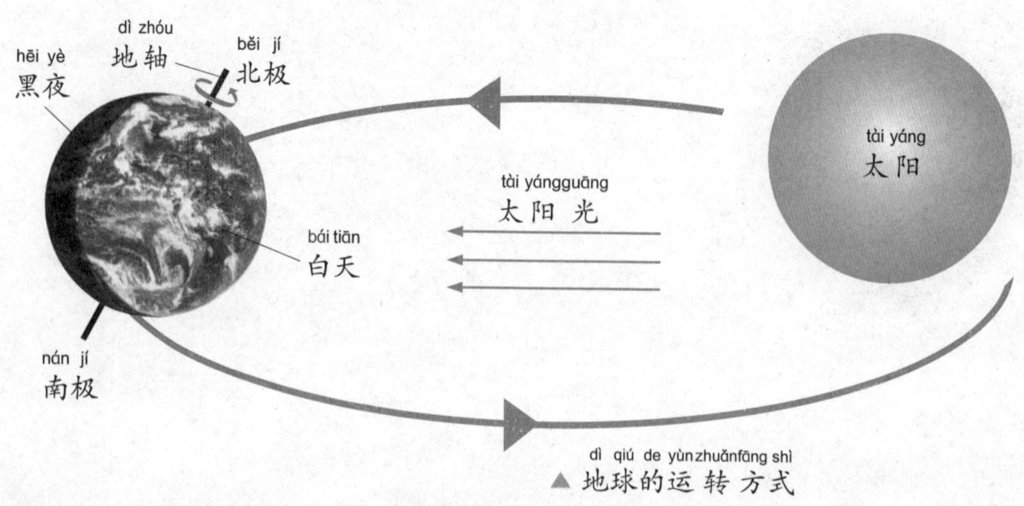

dì qiú de yùn zhuǎn fāng shì
▲地球的运转方式

太阳日

由于地球不停地运动，昼夜也就不断地交替。昼夜交替的周期或太阳高度的日变化周期为24小时，叫做一太阳日。太阳日制约着人类的起居作息，因而被用来作为基本的时间单位。

▲ 中国是白昼，美国是黑夜

时间不能统一

由于地球的自转，地球不同位置同一时刻的昼夜情况是不一样的，有的是正午，有的是子夜，所以，整个世界的时刻不可能完全统一。如果整个世界统一使用一个时刻，则只能满足在同一条经线上的某几个地点的生活习惯。

地方时

在地球上某个特定地点，根据太阳的具体位置所确定的时刻称为“地方时”，经度每相差15°，地方时相差一小时。

◀ “格林尼治时间”，也称为“世界时间”

jí zhòu hé jí yè
极昼和极夜

běi bàn qiú xià jì dào lái shí tài yáng zhí shè diǎn xiàng běi huí guī xiàn yí dòng zhòu cháng yè
北半球夏季到来时，太阳直射点向北回归线移动，昼长夜
duǎn wěi dù yuè gāo bái zhòu yuè cháng jìn běi jí tài yáng zhōng rì bù luò xiǎo shí dōu shì
短，纬度越高，白昼越长，近北极太阳终日不落，24小时都是
bái tiān jiào zuò jí zhòu huò bái yè zhè shí hòu zài nán jí quān nèi zé zhōng rì
白天，叫做“极昼”或“白夜”。这时候在南极圈内，则终日
bù jiàn tài yáng jiào zuò jí yè
不见太阳，叫做“极夜”。

bù luò de tài yáng
不落的太阳

zài běi ōu guó jiā fēn lán de kè mǐ yà ěr wéi měi nián xià zhì rì tài yáng yī zhí zài dì píng xiàn shang zhuàn quān zi bù huì luò xià qù rén men bù yòng dēng guāng zhào yàng kě yǐ dú shū xiě zì zhè lǐ de xià jì zuì cháng de dì fāng yǒu tiān lián xù bù duàn de bái yè é luó sī de mó ěr màn sī kè hǎi gǎng měi nián yǒu gè yuè yǐ shàng bù xū yào rén gōng zhào míng
在北欧国家芬兰的克米亚尔维，每年夏至日，太阳一直在地平线上转圈子，不会落下去。人们不用灯光照样可以读书、写字，这里的夏季最长的地方有73天连续不断的“白夜”。俄罗斯的摩尔曼斯克海港每年有3个月以上不需要人工照明。

mó ěr màn sī kè hǎi gǎng
◀摩尔曼斯克海港

bái yè qí jǐng
“白夜”奇景

běi jí quānchuānyuè nuó wēi ruì diǎn é luó sī
北极圈穿越挪威、瑞典、俄罗斯、
měi guó hé jiā ná dà děngguó zhè xiē dì fang dōu huì chū xiàn
美国和加拿大等国，这些地方都会出现
bái yè qí jǐng zài bù yè de jì jié lǐ māo tóu
“白夜”奇景。在不夜的季节里，猫头
yīng hé biān fú dǎ pò le hēi yè zhōnghuódòng de xí guàn zài
鹰和蝙蝠打破了黑夜中活动的习惯，在
bái yè lǐ fēi lái fēi qù
“白夜”里飞来飞去。

bái yè qí jǐng
▲“白夜”奇景

shén qí de jí yè
神奇的“极夜”

小知识

jí zhòu hé jí yè shì
极昼和极夜是
zhǐ yǒu zài nán běi jí quān nèi
只有在南、北极圈内
cái néng kàn dào de yī zhǒng
才能看到的一种
qí tè de zì rán xiànxiàng
奇特的自然现象。

yǒu jí zhòu jiù huì yǒu jí yè zài chū xiàn jí zhòu de dì fāng
有极昼就会有极夜，在出现极昼的地方，
dōng jì de hēi yè hěn màncháng shǎo zé xiǎo shí duō de kě cháng
冬季的黑夜很漫长，少则24小时，多的可长
dá bàn nián dāng jí yè lái lín shí zài tiānkōngzhōng jiàn bù dào
达半年。当“极夜”来临时，在天空中见不到
tài yáng zài zhèng wǔ shí hòu xīng xīng què shǎn shuò zhe guāng máng
太阳，在“正午”时候，星星却闪烁着光芒。

zuì nuǎn de zǐ yè hé zuì lěng de wǔ hòu
最暖的“子夜”和最冷的“午后”

nuó wēi de hā mò fēi sī tè hǎi gǎng dōngtiān yǒu liǎng gè yuè jiàn bù dào tài yáng yīn wèi méi
挪威的哈默菲斯特海港，冬天有两个月见不到太阳，因为没
yǒu tài yángguāng de zhàoshè lěng rè
有太阳光的照射，冷热
biàn huà guī lǜ yě bù tóng le zuì
变化规律也不同了。最
nuǎn de shí hòu wǎng wǎng shì zǐ
暖的时候往往是“子
yè ér zuì lěng de shí hòu què
夜”，而最冷的时候却
shì zài zhèng wǔ yǐ hòu
是在“正午”以后。

nuó wēi de jí zhòu
▼挪威的极昼

月食

古时候，人们不明白月食是怎么回事，每当发生这种现象时，就说“天狗”在吃月亮，并说这是一种不祥的征兆。然而随着科技的发展，现在的我们已经明白，月食只是一种特殊的天文现象。

月食产生的原因

月食是指太阳、地球、月球恰好或几乎运行至同一直线上，当月球进入地球的阴影部分时，月球会因为太阳光被地球所遮闭，于是地球上某些地区的人们就可看到月球好像被什么吞噬了一块。

▲月食现象

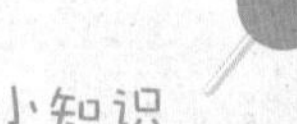

小知识

我国东汉时期的科学家张衡曾发现了月食的部分原理。

▼月食变化的过程

月食的分类

月食可分为月偏食、月全食及半影月食三种。当月球只有部分进入地球的本影时，就会出现月偏食；而当整个月球进入地球的本影时，就会出现月全食。如果月球进入半影区域，太阳光也可以被遮掩掉一些，这种现象称为“半影月食”。

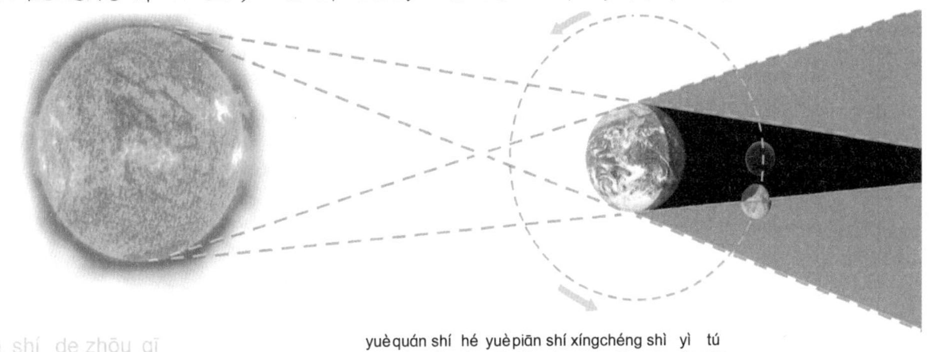

▲ 月全食和月偏食形成示意图

月食的周期

通常情况下，月食一般每年发生两次，最多可发生3次，有时一次也不发生。月食经常出现在满月时期，但不是每逢满月都有月食。

▶ 2004年10月27日的月全食

最早记录

公元前2280年前后，美索不达米亚人的一次月食记录，被认为是世界最早的有关月食的记录，在约公元前1130年我国也有相关记录。

日食

同月食一样，日食也是一种特殊的天文现象。日食发生时，太阳会很快地消失在天空中，大地被一片黑暗笼罩着。自古，人们就对这种伟大而罕见的自然现象充满了敬畏，它也常常给人们留下深刻的印象。

日食的奥秘

日食是月球运动到太阳与地球之间，将太阳光遮住的现象。月球完全遮住太阳时，称为日全食；将太阳部分遮住时，称为日偏食；月球离地球太远时，遮住太阳的中间部分，就会出现日环食。

▼日食过程

▲日环食

小知识

日全食和日环食在天文学中称之为中心食。

日食发生的规律

日食每年最多出现5次，最少出现两次。无论是日偏食、还是日全食或日环食，时间都是很短暂的。在地球上能够看到日食的地区也很有限，这是因为月球的体积比较小，它的本影也比较小，所以本影在地球上扫过的范围不广，时间也不长。

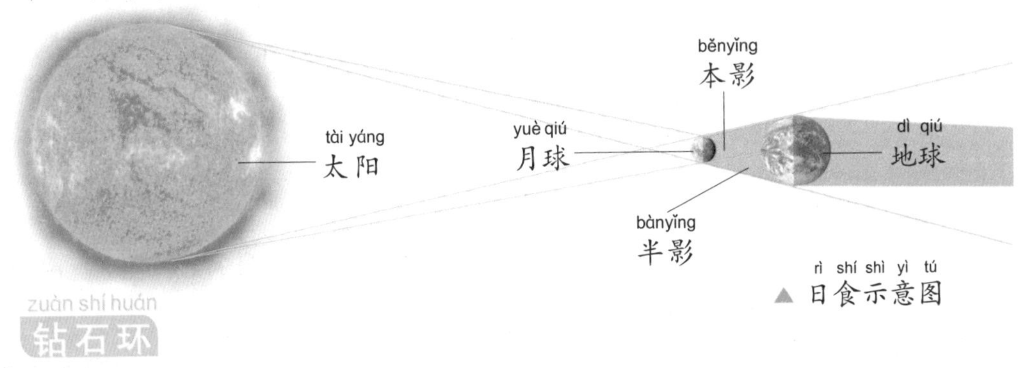

▲日食示意图

钻石环

钻石环是日食过程中非常壮丽的景观。在太阳将要被月亮完全挡住时，在日面的东边缘会突然出现一段发射出钻石般耀眼光芒的圆弧，这叫做“钻石环”。

贝利珠

在日食发生过程中，有时，太阳的周围会形成许多特别明亮的光线或光点，好像在太阳周围镶嵌一串珍珠，这就是“贝利珠”。

liú xīng 流星

yè wǎn dāng wǒ men yǎng wàng xīng kōng shí yǒu shí tiān kōng huì tū rán chū xiàn yī kē tuō zhe míng liàng wěi ba zhuì luò de xīng xing zhè zhǒng xīng xing bèi chēng wéi liú xīng měi tiān dōu yǒu shàng bǎi yì kē liú xīng tǐ jìn rù dì qiú de dà qì céng tā men wèi wǒ men dài lái měi miào de tiān wén xué jǐng guān

夜晚，当我们仰望星空时，有时天空会突然出现一颗拖着明亮尾巴坠落的星星，这种星星被称为流星。每天都有上百亿颗流星体进入地球的大气层，它们为我们带来美妙的天文学景观。

liú xīng hé liú xīng yǔ 流星和流星雨

zài tiān kōng zhōng dān gè chū xiàn de liú xīng chēng wéi dān gè liú xīng huò ǒu fā liú xīng dān gè liú xīng zǒng shì xǐ huan tū rán jiàng lín tā men chū xiàn de shí jiān nán yǐ què dìng dāng dì qiú yù dào liú xīng qún shí jiù huì fā shēng liú xīng yǔ nà shì tiān kōng zhōng zuì měi lì de jǐng guān

在天空中，单个出现的流星称为单个流星或偶发流星。单个流星总是喜欢突然降临，它们出现的时间难以确定。当地球遇到流星群时，就会发生流星雨，那是天空中最美丽的景观。

bào fā liú xīng yǔ

▲ 爆发流星雨

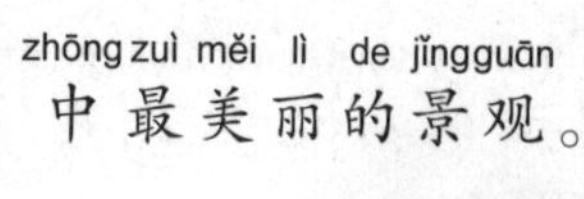

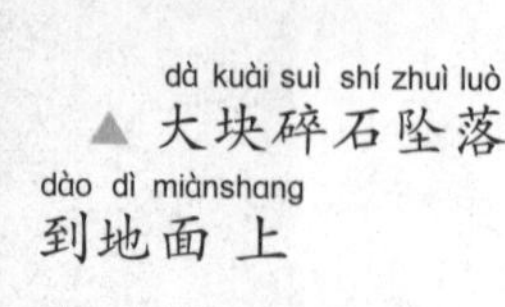

dà kuài suì shí zhuì luò dào dì miàn shang

▲ 大块碎石坠落到地面上

小知识

jué dà bù fen liú xīng de zhǔ yào chéng fèn shì èr yǎng huà guī jí pǔ tōng de yán shí

绝大部分流星的主要成分是二氧化硅，即普通的岩石。

来源于彗星

流星的来源多种多样，但科学家们认为，其最主要的来源可能是瓦解的彗星。当彗星在围绕太阳运行的时候，会在自己的轨道上留下许多气体和尘埃颗粒。这些被遗弃的物质在一定条件下会形成许多小碎块。一旦小碎块坠落到地球，就形成了流星。

▲ 划过天际的流星

燃烧的流星

绝大部分流星往往在大约 60 千米高的地方就燃烧殆尽了，其发出的光只在黑夜才能看见，有的流星则可一直燃烧到距离我们更近的地方。

狮子座流星雨

▶ 狮子座流星雨

狮子座流星雨是历史上最罕见最壮观的周期流星雨之一，这些流星是同一颗彗星带来的。当流星雨发生的时候，暗淡的星空中不断地有明亮的流星划过，留下一道道美丽的轨迹。

rì yùn
日晕

rì yùn shì yī zhǒng bǐ jiào hǎn jiàn de dà qì xiànxiàng tā shì rì guāngtōng guò yún céngzhōng de bīng jīng shí jīng zhé shè hòu zài tài yángzhōu wéi huì chū xiàn yī gè jù dà de guānghuán ér qiě guāng huán bèi fēn jiě chéng le hóng huáng lù zǐ děng duōzhǒng yán sè rì yùn de chū xiàn wǎngwǎng yù shì tiān qì yào yǒu yī dìng de biàn huà
日晕是一种比较罕见的大气现象，它是日光通过云层中的冰晶时，经折射后在太阳周围会出现一个巨大的光环，而且光环被分解成了红、黄、绿、紫等多种颜色。日晕的出现，往往预示天气要有一定的变化。

rì yùn xíngchéng de tiáo jiàn
日晕形成的条件

rén men kě yǐ yòng ròu yǎn guān chá dào rì yùn xiànxiàng yún céngzhōngbīng jīng hán liàng yuè dà yángguāngchǎnshēngzhé shè hòu suǒchéngxiàn de rì yùn xíngzhuàng jiù yuè xiǎo guānghuán yě jiù yuè xiǎn zhù róng yì shǐ rén guān chá dào fǎn zhī zé wú fǎ xíngchéng rì yùn huò zhě jí shǐ xíngchéng yě wú fǎ zài dì miànshangqīng chǔ de guān chá dào zhè yī xiànxiàng
人们可以用肉眼观察到“日晕”现象。云层中冰晶含量越大，阳光产生折射后所呈现的“日晕”形状就越小，光环也就越显著，容易使人观察到；反之，则无法形成“日晕”。或者即使形成也无法在地面上清楚地观察到这一现象。

小知识

rì yùn chǎn shēng huán zhuàng huò hú zhuàng de juǎn quān tōngcháng nèi quān wéi hóng guāng wài quān wéi zǐ guāng
日晕产生环状或弧状的卷圈，通常内圈为红光，外圈为紫光。

月晕

太阳周围出现的巨大彩色光环称为日晕，出现在月亮周围的光圈叫月晕。月晕同样是由于光线受到冰晶的折射或反射形成的。

▶ 月晕

民间谚语

“日晕”多出现在春夏季节。民间有“日晕三更雨，月晕午时风”的谚语，其意思就是若出现日晕的话，夜半三更将有雨，若出现月晕，则次日中午会刮风。

下雨的征兆

日晕的出现，往往预兆着雷雨天气的来临。2006年5月21日1时30分左右，四川省乐山市中心城区出现了神奇的日晕天象。当天晚上，乐山市就遭受了雷雨天气的侵袭，正好应验了“日晕三更雨”的民谚。

◀ 冬季日晕现象

léi diàn
雷电

léi diàn shì wǒ men shēng huó zhōng hěn cháng jiàn de zì rán xiàn xiàng dāng yào yǎn duó mù de shǎn diàn huá pò tiān kōng lóng lóng zuò xiǎng de léi shēng zhèn chè dà dì shí rén men de xīn zhōng nán miǎn huì chǎn shēng yī xiē wèi jù bù guò zài kē jì fā dá de xiàn dài shè huì rén men duì léi diàn yǐ jīng yǒu le jiào shēn de rèn shí

雷电是我们生活中很常见的自然现象，当耀眼夺目的闪电划破天空，隆隆作响的雷声震彻大地时，人们的心中难免会产生一些畏惧。不过，在科技发达的现代社会，人们对雷电已经有了较深的认识。

léi diàn chuán shuō
雷电传说

zài wǒ guó gǔ dài rén men rèn wéi léi diàn shì yóu léi gōng diàn mǔ zhì zào chū lái de zài gǔ xī là shén huà zhōng zhòu sī yòu chēng léi shén xī fāng rén hái xiāng xìn léi diàn shì shàng dì fā nù de jié guǒ rú guǒ shuí zuò le huài shì shàng dì jiù huì yòng léi diàn lái chéng fá tā

在我国古代，人们认为雷电是由雷公、电母制造出来的。在古希腊神话中，宙斯又称雷神。西方人还相信雷电是上帝发怒的结果，如果谁做了坏事，上帝就会用雷电来惩罚他。

小知识

bì léi zhēn kě yǐ bǎ léi diàn chuán bō dào dà dì bǎo hù jiàn zhù wù miǎn zāo léi jī

避雷针可以把雷电传播到大地，保护建筑物免遭雷击。

fù lán kè lín de léi diàn shí yàn
▲富兰克林的雷电实验

shǎndiàn de xíngzhuàng
闪电的形状

zài léi yǔ yún de bù tóng bù wèi jù jí zhe
在雷雨云的不同部位，聚集着
bù tóngdiàn hè zài yún kuài nèi bù yún yǔ yún zhī
不同电荷。在云块内部、云与云之
jiān yún yǔ dì miàn zhī jiān dōu yǒu hěnqiáng de
间、云与地面之间，都有很强的
diànchǎng qiángdiànchǎngchū xiàn shí bǎ kōng qì céng jī
电场。强电场出现时把空气层击
chuān bù tóngdiàn hè qiángxíng huì hé yú shì bào
穿，不同电荷强行会合，于是爆
fā chūqiáng dà de diàn huǒ huā zhè jiù shì shǎndiàn
发出强大的电火花，这就是闪电。

xiān kàn dàoshǎndiàn de yuán yīn
先看到闪电的原因

shǎndiàn hé dǎ léi jī hū shì tóng shí fā shēng
闪电和打雷几乎是同时发生
de dàn chù zài dì qiú shang de wǒ menzǒng shì xiān
的，但处在地球上的我们总是先
kàn dàoshǎndiàn zài tīng dào léi shēng zhè shì guāng de
看到闪电再听到雷声，这是光的
chuán bō sù dù bǐ shēng yīn kuài de yuán gù
传播速度比声音快的缘故。

fù lán kè lín de tàn suǒ
富兰克林的探索

zuì zǎo tàn suǒ chū léi diàn ào mì de shì
最早探索出雷电奥秘的是
měi guó kē xué jiā hé zhèng zhì jiā fù lán kè
美国科学家和政治家富兰克
lín nián fù lán kè lín zuò le yī
林。1752年，富兰克林做了一
gè dà dǎn de shí yàn yòng dài tóng sī de fēng
个大胆的实验，用带铜丝的风
zhēng bǎ léi diàn yǐn dào dì miàn yòng diàn huǒ
筝把雷电引到地面，用电火
huā diǎn rán le jiǔ jīng dēng tā de zhè cì shí
花点燃了酒精灯。他的这次实
yàn zhèng míng le léi diàn zhǐ bù guò shì guī
验证明了，雷电只不过是规
mó páng dà de fàng diàn xiàn xiàng
模庞大的放电现象。

shǎndiàn shí de zhuàngguān jǐng xiàng
▶闪电时的壮观景象

jí guāng
极光

jí guāng shì yī zhǒng fā shēng zài dì qiú jí dì hǎn jiàn de zì rán xiànxiàng zhènzhèn wǔ yán liù
极光是一种发生在地球极地罕见的自然现象。阵阵五颜六
sè de jí guāng xiàng tū rán shēng qǐ de jié rì yān huǒ yī xià zhào liàng bàn biān tiān chì chéng
色的极光，像突然升起的节日烟火，一下照亮半边天，赤、橙、
huáng lǜ qīng lán zǐ gè sè xiāng jiàn sè cǎi fēn míng tā men cóng chū xiàn dào xiāo shī
黄、绿、青、蓝、紫各色相间，色彩分明。它们从出现到消失，
biàn huàn mò cè yǐn rén rù shèng
变幻莫测，引人入胜。

měi lì de jí guāng
美丽的极光

jí guāng yǒu shí chū xiàn shí jiān jí duǎn yóu rú jié rì de yàn huǒ zài kōng zhōng shǎn xiàn yī xià
极光有时出现时间极短，犹如节日的焰火在空中闪现一下
jiù xiāo shī de wú yǐng wú zōng yǒu shí què kě yǐ zài cāng qióng zhī zhōng huī yìng
就消失得无影无踪；有时却可以在苍穹之中辉映
jǐ gè xiǎo shí yǒu shí xiàng yī tiáo cǎi dài yǒu shí xiàng yī tuán huǒ
几个小时；有时像一条彩带，有时像一团火
yàn yǒu shí xiàng yī zhāng wǔ guāng shí sè de jù dà yín
焰，有时像一张五光十色的巨大银
mù fēi cháng qǐ lì
幕，非常绮丽。

jí guāng yī zhí xī yǐn zhe rén lèi de
◀ 极光一直吸引着人类的
guān cè
观测

小知识

jí guāng chǎn shēng de
极光产生的
tiáo jiàn yǒu sān gè dà qì
条件有三个：大气、
cí chǎng hé tài yáng fēng sān
磁场和太阳风，三
zhě quē yī bù kě
者缺一不可。

chǎnshēng de yuán yīn
产生的原因

tài yángfēng pēn shè chū de dài diàn lì zǐ huì yǐ jí
太阳风喷射出的带电粒子会以极
dà de sù dù zhuàng jī dì qiú cí chǎng yóu yú liǎng jí dì
大的速度撞击地球磁场，由于两极地
qū de cí chǎng bǐ jiàoqiáng dāng dài diàn lì zǐ jìn rù liǎng
区的磁场比较强，当带电粒子进入两
jí dì qū zhè lǐ de gāocéng dà qì shòudào tài yángfēng
极地区，这里的高层大气受到太阳风
de hōng jī hòu huì fā chūguāngmáng xíngchéng jí guāng
的轰击后会发出光芒，形成极光。

ā lā sī jiā shàngkōng de běi jí guāng
▲阿拉斯加上空的北极光

rén lèi de rèn shi
人类的认识

xǔ duō shì jì yǐ lái jí guāng yī zhí shì
许多世纪以来，极光一直是
rén men cāi cè hé tàn suǒ de tiānxiàng zhī mí cóng
人们猜测和探索的天象之谜。从
qián yīn niǔ tè rén yǐ wéi nà shì guǐ shén yǐn dǎo
前，因纽特人以为那是鬼神引导
sǐ zhě líng húnshàngtiān táng de huǒ jù wǒ guó zhù
死者灵魂上天堂的火炬。我国著
míng de gǔ lǎo shū jí shān hǎi jīng zhōng yě yǒu
名的古老书籍《山海经》中也有
guān yú jí guāng de jì zǎi
关于极光的记载。

duì dì qiú de yǐngxiǎng
对地球的影响

jí guāngsuǒ chǎnshēng de qiáng lì diàn
极光所产生的强力电
liú chángcháng jiǎo luàn wú xiàn diàn hé léi dá
流常常搅乱无线电和雷达
de xìn hào yě huì yǐngxiǎng wēi bō de chuán
的信号，也会影响微波的传
bō shèn zhì shǐ diàn lì chuánshū xiànshòudào
播，甚至使电力传输线受到
yánzhòng gān rǎo cóng ér shǐ mǒu xiē dì qū
严重干扰，从而使某些地区
zàn shí shī qù diàn lì gōngyìng
暂时失去电力供应。

sè cǎi xuàn lì de jí guāng
▼色彩绚丽的极光

cǎi hóng

彩虹

zài yán yán de xià rì, yī chǎng bào yǔ guò hòu, wǒ men cháng cháng néng zài tiān kōng zhōng kàn
在炎炎的夏日，一场暴雨过后，我们常常能在天空中看

dào měi lì de cǎi hóng, tā chéng gǒng xíng, guà zài yǔ hòu de tiān jì, cóng wài dào nèi yī cì wéi
到美丽的彩虹，它呈拱形，挂在雨后的天际，从外到内依次为

hóng、chéng、huáng、lǜ、qīng、lán、zǐ。cǎi hóng shì yī zhǒng zì rán xiàn xiàng, shì dà zì
红、橙、黄、绿、青、蓝、紫。彩虹是一种自然现象，是大自

rán zuì měi lì de kuì zèng zhī yī。
然最美丽的馈赠之一。

cǎi hóng yǒu qī zhǒng yán sè
◀ 彩虹有七种颜色

shuǐ dī de zhé shè

水滴的折射

bào yǔ guò hòu, kōng qì zhōng wǎng wǎng hán yǒu dà
暴雨过后，空气中往往含有大

liàng de shuǐ zhēng qì, dāng tài yáng guāng zhào shè dào zhè xiē
量的水蒸气，当太阳光照射到这些

xiǎo shuǐ dī shang, guāng xiàn jiù huì bèi zhé shè jí fǎn shè,
小水滴上，光线就会被折射及反射，

yú shì, zài tiān kōng zhōng jiù huì xíng chéng gǒng xíng de qī
于是，在天空中就会形成拱形的七

cǎi guāng pǔ, jí cǎi hóng。
彩光谱，即彩虹。

小知识

shì jì chū, ōu
14世纪初，欧

zhōu yǒu rén tí chū cǎi hóng shì
洲有人提出彩虹是

shuǐ dī duì yáng guāng de zhé
水滴对阳光的折

shè jí fǎn shè zào chéng de。
射及反射造成的。

qǔ jué yīn sù
取决因素

cǎi hóng de míngxiǎnchéng dù qǔ jué yú kōng qì zhōngxiǎoshuǐ dī de dà xiǎo xiǎoshuǐ dī tǐ jī yuè dà xíngchéng de cǎi hóngyuè xiānliàng xiǎoshuǐ dī tǐ jī yuè xiǎo xíngchéng de cǎi hóng jiù yuè bù míngxiǎn

彩虹的明显程度，取决于空气中小水滴的大小，小水滴体积越大，形成的彩虹越鲜亮；小水滴体积越小，形成的彩虹就越不明显。

shuāng cǎi hóng
双彩虹

zài tè shū qíngkuàng xià cǎi hóng yě shì huì chéngshuāng chéng duì de chū xiàn zhè jiù shì shuāng cǎi hóngxiànxiàng liǎng tiáo cǎi hóngtóng shí chū xiàn shí zài píngcháng de cǎi hóng wài biān huì chū xiàn yī gè jiào àn de fù hóng fù hóngwèi zhì zài zhǔ hóng zhī wài yīn wèi yǒu liǎng cì fǎn shè fù hóng de yán sè cì xù gēn zhǔhóngxiāngfǎn

在特殊情况下，彩虹也是会成双成对地出现，这就是双彩虹现象。两条彩虹同时出现时，在平常的彩虹外边会出现一个较暗的副虹。副虹位置在主虹之外，因为有两次反射，副虹的颜色次序跟主虹相反。

fù hóng de wài cè wéi lán sè nèi cè wéi hóng sè

◀ 副虹的外侧为蓝色，内侧为红色

hǎn jiàn de wǎnhóng
罕见的晚虹

wǎnhóng shì yī zhǒnghǎn jiàn de xiànxiàng zài yuèguāngqiáng liè de wǎnshang kě néngchū xiàn yóu yú rén lèi shì jué zài yè wǎn dī guāngxiàn de qíngkuàng xià nán yǐ fēn biàn yán sè suǒ yǐ wǎnhóngkàn qǐ lái hǎoxiàng shì quán bái sè de

晚虹是一种罕见的现象，在月光强烈的晚上可能出现。由于人类视觉在夜晚低光线的情况下难以分辨颜色，所以晚虹看起来好像是全白色的。

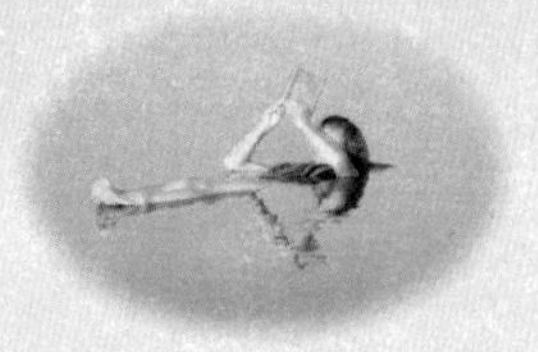

水中奇观

地球常常被人们称为“水球”，这是因为地球表面的大部分地方被水覆盖着。水又是孕育生命的摇篮，有了水，地球才充满了生机。地球上拥有众多美丽壮观的水域景观，神奇的死海、绚丽的牵牛花池、壮阔的伊瓜苏瀑布……

mò xī gē wān liú 墨西哥湾流

mò xī gē wān liú yě jiào yáng liú shì shì jiè dà yángzhōng zuì qiáng dà de yáng liú zài màn cháng de suì yuè lǐ tā jiù xiàng yī tiáo jù dà de nuǎn qì guǎn zi bǎ mò xī gē wān de wēn nuǎn yuányuán bù duàn de tí gōng gěi běi ōu shǐ yīng gé lán ài ěr lán hé běi hǎi yán àn zhū guó chéng xiàn yī piàn fán róng

墨西哥湾流也叫洋流，是世界大洋中最强大的洋流。在漫长的岁月里，它就像一条巨大的暖气管子，把墨西哥湾的温暖源源不断地提供给北欧，使英格兰、爱尔兰和北海沿岸诸国呈现一片繁荣。

liú dòng tú jìng 流动途径

mò xī gē wān liú qǐ yuán yú mò xī gē wān jīng guò fó luó lǐ dá hǎi xiá yán zhe měi guó de dōng bù hǎi yù yǔ jiā ná dà niǔ fēn lán shěng xiàng běi zuì hòu kuà yuè běi dà xī yáng tōng wǎng běi jí hǎi

墨西哥湾流起源于墨西哥湾，经过佛罗里达海峡沿着美国的东部海域与加拿大纽芬兰省向北，最后跨越北大西洋通往北极海。

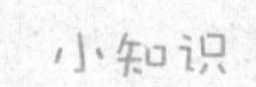
小知识

yáng liú shì hǎi shuǐ yán yī dìng tú jìng de dà guī mó liú dòng tā fēn wéi nuǎn liú hé hán liú

洋流是海水沿一定途径的大规模流动，它分为暖流和寒流。

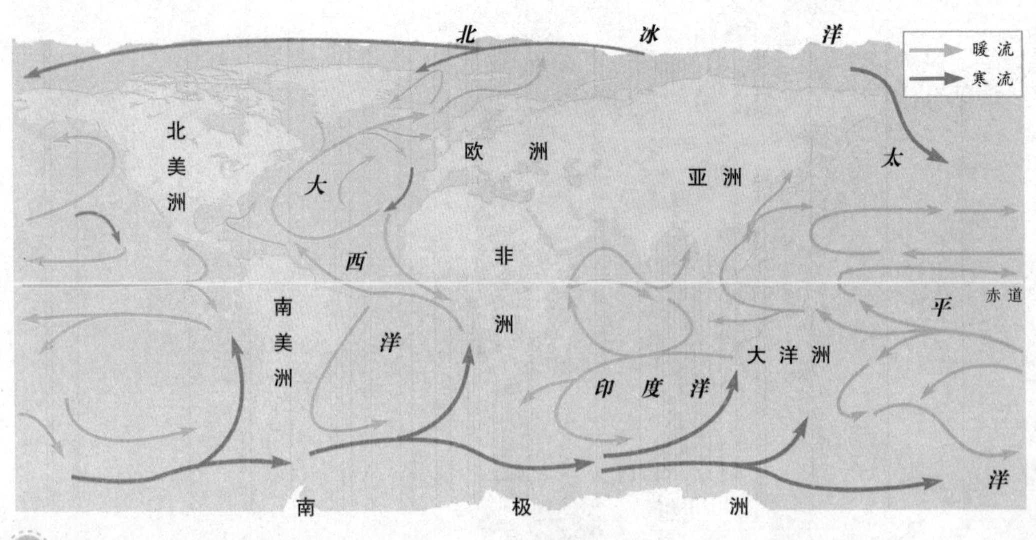

墨西哥湾流的特点

墨西哥湾流具有流速强、流量大、流路蜿蜒、流域广阔的特点，并具有高温、高盐、透明度大和水色高等一系列较显著特征。

▶ 洋流可以集中海浪的能量，让每个海浪增高

巨大的热量

墨西哥湾流虽然有一部分来自墨西哥湾，但它的绝大部分来自加勒比海。它的流量相当于全世界河流量总和的120倍，每年供给北欧海岸的能量，大约相当于在每厘米长的海岸线上得到600吨煤燃烧的能量。

重要影响

▲ 摩尔曼斯克港被称为“不冻港”

在墨西哥湾流的影响下，欧洲的西部和北部的平均温度比其他同纬度地区高出16℃～20℃，甚至北极圈内的海港冬季也不结冰，如俄罗斯的摩尔曼斯克港。

hán liú
寒流

yáng liú jiù xiàng lù dì shang de hé liú nà yàng cháng nián lěi yuè yán zhe bǐ jiào gù dìng de lù xiàn liú dòng zhe bù duàn de shū sòng zhe yán lèi róng jiě yǎng hé rè liàng shǐ hǎi yáng chōng mǎn le huó lì fán liú dòng de yáng liú hǎi shuǐ wēn dù bǐ jīng guò hǎi qū hǎi shuǐ wēn dù dī de dōu chēng wéi hán liú

洋流就像陆地上的河流那样，长年累月沿着比较固定的路线流动着，不断地输送着盐类、溶解氧和热量，使海洋充满了活力。凡流动的洋流，海水温度比经过海区海水温度低的都称为寒流。

hán liú de tè diǎn
寒流的特点

hán liú yǔ qí suǒ jīng guò liú yù de dāng dì hǎi shuǐ xiāng bǐ jù yǒu wēn dù dī hán yán liàng shǎo tòu míng dù dī liú dòng sù dù màn fú dù kuān guǎng shēn dù jiào xiǎo děng tè diǎn

寒流与其所经过流域的当地海水相比，具有温度低、含盐量少、透明度低、流动速度慢、幅度宽广、深度较小等特点。

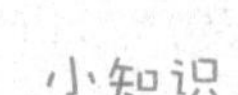

小知识

zài hán liú liú jīng de yán àn dì qū yì bān dōu fēn bù yǒu dà miàn jī de huāng mò

在寒流流经的沿岸地区一般都分布有大面积的荒漠。

běn gé lā hán liú liú jīng nà mǐ bǐ yà hǎi àn xíng chéng le yì biān shì hǎi shuǐ yì biān shì shā mò de qí tè jǐng xiàng

▼本格拉寒流流经纳米比亚海岸形成了一边是海水，一边是沙漠的奇特景象

世界著名寒流

世界大洋有五大著名寒流：北太平洋的加里福尼亚寒流、南太平洋的秘鲁寒流、北大西洋的加那利寒流、南大西洋的本格拉寒流和南印度洋的西澳大利亚寒流等。它们分别从北、南半球高纬度海域向低纬度海域流动。

秘鲁寒流

秘鲁寒流是寒流中最强大的一支，是一个低盐度的洋流，沿智利南端伸延至秘鲁北部，由南极方向向赤道方向流动，其影响甚至可达科隆群岛。

▲在寒流的影响下，秘鲁沿岸形成了著名的渔场

本格拉寒流

本格拉寒流是南大西洋东部的寒流，是西风漂流在非洲西岸转向而形成的。本格拉寒流在流经的海域会引发表层寒冷海水和底层温暖海水之间的搅动，浮游生物含量大的海水涌生，形成了优良渔场。南部非洲地区一向以盛产鳕鱼、凤尾鱼和金枪鱼等鱼类以及龙虾、海蟹等海洋生物而著称。

hǎi shì shèn lóu
海市蜃楼

xià tiān zài píng jìng wú fēng de hǎi miànshang rén men yǒu shí huì kàn dào kōngzhōngyìng xiàn chū
夏天，在平静无风的海面上，人们有时会看到空中映现出
shān fēng chuán bó dǎo yǔ huòchéngguō lóu tái de yǐngxiàng kě shì dāng dà fēng yī qǐ zhè xiē
山峰、船舶、岛屿或城郭楼台的影像；可是当大风一起，这些
yǐngxiàng jiù tū rán xiāo shì le zhè jiù shì rén menchángshuō de hǎi shì shèn lóu shì yī zhǒng yīn wèi
影象就突然消逝了。这就是人们常说的海市蜃楼，是一种因为
guāng de zhé shè ér chǎnshēng de zì rán xiànxiàng
光的折射而产生的自然现象。

péng lái xiān jìng
“蓬莱仙境”

zài wǒ guóshāndōngshěng de péng lái shì jīngchángchū xiàn qǐ lì de hǎi shì shèn lóu qí guān zài
在我国山东省的蓬莱市经常出现绮丽的海市蜃楼奇观。在
péng lái gé hǎi miànshang yǒu shí hou huì chū xiàn yù yù cōngcōng de yuán shǐ sēn lín miányán shù shí qiān
蓬莱阁海面上，有时候会出现郁郁葱葱的原始森林，绵延数十千
mǐ yǒu shí hou huì yǒucéngcéng dié dié de shānfēng wǎn ruò yī fú shuǐ mò shānshuǐ huà
米；有时候会有层层叠叠的山峰，宛若一幅水墨山水画……

hǎi shang hǎi shì shèn lóu xiànxiàng
▼海上海市蜃楼现象

小知识

gēn jù shèn jǐng chū xiàn de wèi zhì xiāng duì yú yuán wù fāng wèi kě fēn wéi shàng shèn xià shèn hé cè shèn
根据蜃景出现的位置相对于原物方位，可分为上蜃、下蜃和侧蜃。

名字的渊源

传说“蜃”是一种蛟龙，会吐出股股气柱，仿佛幢幢楼台亭阁；“海市”是神仙居住的地方。“海市蜃楼”的名字因此而得来。

▲ 沙漠海市蜃楼

出现的条件

其实，平静的海面、大江江面、湖面、雪原、沙漠或戈壁等地方，偶尔都会在空中或“地下”出现海市蜃楼。不过，海市蜃楼一般只在适当温度、空气密度及无风条件下出现。

光学幻景

现代科学已经对大多数蜃景作出了正确解释，认为蜃景是地球上物体反射的光经大气折射而形成的虚像，所谓蜃景就是光学幻景。

▶ 平静的海面是最常出现海市蜃楼的地方

海雾

海雾是海洋上的危险天气之一，也是一种常见的天气现象，它会使海上的能见度显著降低，使航行的船只迷失航路，造成搁浅、触礁、碰撞等重大事故。海雾是航海的克星，也是一种频发的海洋灾害。

海雾形成的条件

海雾是海面低层大气中一种水蒸气凝结的天气现象。因它能反射各种波长的光，故常呈乳白色。雾的形成要经过水汽的凝结和凝结成的水滴（或冰晶）在低空积聚这样两个不同的物理过程。

◀“雾锁金门”的景象

海雾的类型

海雾因产生的原因不同，可分成四种类型：平流雾、冷却雾、冰面辐射雾、地形雾。全球各大洋的海雾中，范围大、影响严重的主要是平流雾。这种雾多在春夏盛行，尤以夏季为最，雾的浓度大，持续时间长。

小知识

在我国海区出现的海雾主要是平流雾。

南方海雾

我国的海雾季节从春至夏自南向北推延：南海海雾多出现在2～4月，主要出现在两广及海南沿海水域；东海海雾以3～7月居多，长江口至舟山群岛海面及台湾海峡北口尤甚。

北方海雾

黄海雾季在4～8月，整个海区都多雾；渤海海雾在5～7月常见，东部多于西部，集中在辽东半岛和山东北部沿海。

▲大雾会对船只的航行造成威胁

lǐ hǎi
里海

lǐ hǎi wèi yú yà ōu dà lù fù bù yà zhōu yǔ ōu zhōu zhī jiān shì shì jiè shang zuì dà
里海位于亚欧大陆腹部，亚洲与欧洲之间，是世界上最大
de hú pō yě shì shì jiè shang zuì dà de xián shuǐ hú lǐ hǎi yuán lái shì gǔ dì zhōng hǎi de yī
的湖泊，也是世界上最大的咸水湖。里海原来是古地中海的一
bù fen jīng guò hǎi lù biàn qiān cái xíngchéng jīn tiān zhè gè shì jiè zuì dà de nèi lù hú lǐ hǎi
部分，经过海陆变迁才形成今天这个世界最大的内陆湖。里海
de shuǐ yù liáo kuò yī wàng wú yín
的水域辽阔，一望无垠。

bù shì zhēnzhèng de hǎi
不是真正的海

yóu yú lǐ hǎi jīngchángchū xiànkuángfēng è làng yóu rú dà hǎi fān gǔn de bō tāo xián de hú
由于里海经常出现狂风恶浪，犹如大海翻滚的波涛。咸的湖
shuǐ lǐ shēngzhǎng de xǔ duōdòng zhí wù hé hǎi yángshēng wù chà bù duō suǒ yǐ rén menchēng tā wéi
水里生长的许多动植物和海洋生物差不多，所以人们称它为
lǐ hǎi qí shí tā bìng bù shì zhēnzhèng de hǎi
“里海”，其实，它并不是真正的海。

lǐ hǎi hǎi làng
▼ 里海海浪

小知识

lǐ hǎi dì qū shí yóu zī yuánfēng fù shì zhòng yào de shí yóu chǎn qū
里海地区石油资源丰富，是重要的石油产区。

里海的诞生

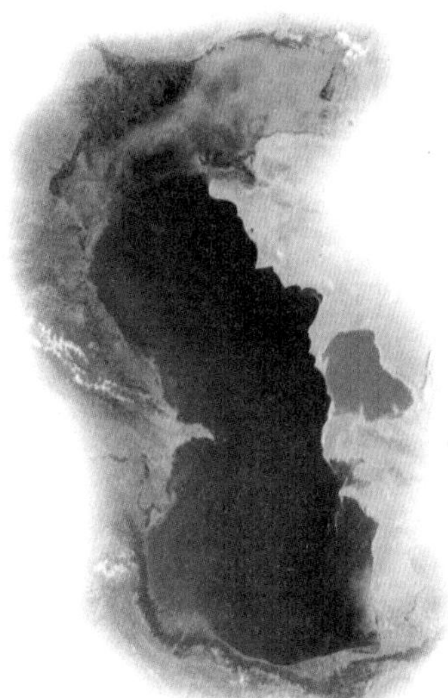

一万多年前，里海曾与黑海、地中海相连，海水彼此沟通。后经地壳运动，地形发生了明显的变化，高加索山和厄尔布尔士山的崛起，把里海与海洋分离开了，从而形成今天的里海。

▲ 从卫星上拍摄到的里海

注入河流

有130多条河注入里海，其中伏尔加河、乌拉尔河和捷列克河从北面注入，3条河的水量占全部注入水量的88%。

生物资源

里海生物资源丰富，植物有500多种，动物850种，其中15种是典型的北冰洋型和地中海型动物。常见的鱼类有鲟鱼、鲱鱼、河鲈、鲑鱼、银汗鱼等。此外，里海还有海豹等海兽栖息。

▼ 里海生活的海豹

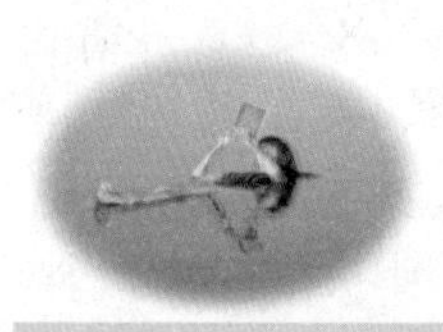

sǐ hǎi
死海

jǐ bǎi wàn nián lái gé zhe yǐ sè liè hé yuē dàn zhī jiān de sǐ hǎi suī rán méi yǒu shén
几百万年来，隔着以色列和约旦之间的死海，虽然没有什
me tè bié de měi jǐng dàn dà zì rán fù yǔ tā de nà gǔ shén mì lì liàng què xī yǐn zhe zhòng
么特别的美景，但大自然赋予它的那股神秘力量，却吸引着众
duō de lǚ yóu zhě zài zhè lǐ de shuǐ zhōng méi yǒu yú lèi zhǐ yǒu xì jūn shèn zhì àn biān dōu
多的旅游者。在这里的水中没有鱼类，只有细菌，甚至岸边都
méi yǒu huā cǎo sǐ hǎi de míng zi yě yóu cǐ ér lái
没有花草，死海的名字也由此而来。

sǐ hǎi de chéng yīn
死海的成因

yóu yú sǐ hǎi yī dài qì wēn hěn gāo zhēng fā liàng hěn dà ér qiě gān zào shǎo yǔ bǔ chōng
由于死海一带气温很高，蒸发量很大，而且干燥少雨，补充
jìn sǐ hǎi de shuǐ liàng fēi cháng shǎo sǐ hǎi biàn de yuè lái yuè chóu chén diàn zài hú dǐ de kuàng
进死海的水量非常少，死海变得越来越“稠”，沉淀在湖底的矿
wù zhì yě yuè lái yuè duō xián dù yuè lái yuè dà yú shì cháng nián lěi yuè sǐ hǎi biàn dàn shēng le
物质也越来越多，咸度越来越大。于是，长年累月，死海便诞生了。

小知识

sǐ hǎi dī yú hǎi píng
死海低于海平
miàn mǐ shì dì qiú
面413米，是地球
biǎo miàn de zuì dī diǎn
表面的最低点。

大盐库

一般海水含盐量为35‰，死海的含盐量达230‰～250‰。所以说，死海是一个大盐库。据估计，死海的总含盐量约有130亿吨。

▶ 死海岸边形成的盐柱

奇特的泳姿

由于湖水含盐量极高，游泳者很容易浮起来。人们可以蹲在水里或盘腿而坐，甚至可以拿本书，躺在海上看。不过，人们不能在水里呆太久，因为在含盐浓度极高的海水中身体会失水过多。

神奇的死海

▶ 死海黑泥有美容的功效

死海的水富含矿物质，常在海水中浸泡，可以治疗关节炎等慢性疾病。因此，每年都吸引了数十万游客来此休假疗养。死海海底的黑泥含有丰富的矿物质，成为市场上抢手的护肤美容品。

qiān niú huā chí

牵牛花池

měi guó de huáng shí gōngyuán tiān xià wén míng zhè lǐ yǒu zhòng duō de jiān xiē quán wēn quán xuàn lì duō cǎi de gāo shān yán shí xiá gǔ hé liú zhǒng lèi fán duō de yě shēngdòng wù yǐ bǎo chí zì rán huán jìng de běn sè ér zhù chēng yú shì měi lì de qiān niú huā chí jiù shì qí zhōng zuì zhù míng de jǐng guān zhī yī

美国的黄石公园天下闻名，这里有众多的间歇泉、温泉，绚丽多彩的高山、岩石、峡谷、河流，种类繁多的野生动物，以保持自然环境的本色而著称于世。美丽的牵牛花池就是其中最著名的景观之一。

dì yī gè guó jiā gōngyuán

第一个国家公园

huáng shí guó jiā gōngyuán shì shì jiè shang dì yī gè guó jiā gōngyuán tā wèi yú měi guó xī bù de huái é míng méng dà ná ài dá hé sānzhōujiāo jiè chù shì shì jiè shang zuì dà de zì rán bǎo hù qū zhī yī yú nián bèi liè rù shì jiè yí chǎnmíng lù

黄石国家公园是世界上第一个国家公园，它位于美国西部的怀俄明、蒙大拿、爱达荷三州交界处，是世界上最大的自然保护区之一，于1978年被列入《世界遗产名录》。

huáng shí guó jiā gōngyuán

▼黄石国家公园

小知识

qiān niú huā chí bèi shì wéi huáng shí guó jiā gōngyuán de xiàngzhēng zhī yī

牵牛花池被视为黄石国家公园的象征之一。

měi lì de qiān niú huā chí
▲美丽的牵牛花池

tiān rán cǎi huà
天然彩画

huáng shí guó jiā gōngyuán de dì rè jǐng guān shì quán shì jiè zuì zhùmíng de zhè lǐ yǒu zhòng duō sè cǎi bān lán de rè shuǐ chí yóu yú chí bì chí àn chángnián lěi yuè bèi quánshuǐ chōng jìn ér xíngchéng sè cǎi fēng fù de yī fú fú dòng rén de tiān rán cǎi huà zuì měi lì de yī chù rè quán shì qiān niú huā chí

黄石国家公园的地热景观是全世界最著名的，这里有众多色彩斑斓的热水池，由于池壁、池岸长年累月被泉水冲浸而形成色彩丰富的一幅幅动人的天然彩画，最美丽的一处热泉是牵牛花池。

shèng kāi de qiān niú huā
“盛开”的牵牛花

qiān niú huā chí de chí shuǐ lǜ rú fěi cuì qīng chè jiàn dǐ ér qiě zhōu wéi xiāng le yī quān chéng huáng sè huā biān hěn xiàng yī duǒ shèng kāi de qiān niú huā suǒ yǐ rén men bǎ tā jiào zuò qiān niú huā chí

牵牛花池的池水绿如翡翠，清澈见底，而且周围镶了一圈橙黄色花边，很像一朵盛开的牵牛花，所以人们把它叫做牵牛花池。

qiān niú huā de mì mì
“牵牛花”的秘密

qiān niú huā chí zuì dà de tè diǎn shì tā de yán sè suí zhe shuǐ wēn de biàn huà ér bù tóng zhè shì yīn wèi zhuó rè de rè quán shuǐ lǐ hán yǒu fēng fù de liú huà qīng yīn cǐ zī shēng le gè shì gè yàng de xì jūn jí zǎo lèi zhè xiē zǎo lèi gè yǒu bù tóng de xiān yàn sè cǎi suí zhe shuǐ wēn de biàn huà ér zhǎn xiàn chū bù tóng de sè cǎi

牵牛花池最大的特点是它的颜色随着水温的变化而不同，这是因为灼热的热泉水里含有丰富的硫化氢，因此滋生了各式各样的细菌及藻类，这些藻类各有不同的鲜艳色彩，随着水温的变化而展现出不同的色彩。

yǒng quán
涌泉

quán shì dì xià shuǐ tiān rán chū lù zhì dì biǎo de dì diǎn bù zuò gāo pēnzhuàng de quánchēng wéi yǒngquán tā shì zài yī dìng de dì xíng dì zhì hé shuǐ wén dì zhì tiáo jiàn de jié hé xià chǎn shēng de quánshuǐ bù dàn néng wèi rén lèi tí gōng lǐ xiǎng de shuǐ yuán tóng shí yě néng gòuchéng xǔ duō guānshǎng jǐng guān hé lǚ yóu zī yuán

泉是地下水天然出露至地表的地点，不作高喷状的泉称为涌泉。它是在一定的地形、地质和水文地质条件的结合下产生的。泉水不但能为人类提供理想的水源，同时也能构成许多观赏景观和旅游资源。

quán de dànshēng dì
泉的诞生地

quánwǎngwǎng shì yǐ yī gè diǎnzhuàngquánkǒu chū xiàn yǒu shí shì yī tiáo xiàn huò shì yī gè xiǎo fàn wéi quánshuǐ duō chū lù zài shān qū yǔ qiū líng de gōu gǔ hé pō jiǎo shānqián dì dài hé liú liǎng àn hóng jī shàn de biānyuán hé duàncéng dài fù jìn ér zài píngyuán qū hěnshǎojiàn

泉往往是以一个点状泉口出现，有时是一条线或是一个小范围。泉水多出露在山区与丘陵的沟谷和坡角、山前地带、河流两岸、洪积扇的边缘和断层带附近，而在平原区很少见。

小知识

bào tū quán shì quán chéng jì nán de xiàngzhēng yǔ biāo zhì

趵突泉是泉城济南的象征与标志。

hé liú de shuǐyuán
河流的水源

quánshuǐchángcháng shì hé liú de shuǐyuán zài shān qū rú gōu gǔ shēnchù pái xiè dì xià shuǐ
泉水常常是河流的水源。在山区如沟谷深处，排泄地下水，
xǔ duō qīngquán huì hé chéngwéi xī liú zài shí huī yán dì qū xǔ duō yán róng dà quánběnshēn jiù shì
许多清泉汇合成为溪流。在石灰岩地区，许多岩溶大泉本身就是
hé liú de yuán tóu rú shāndōng zī bó de zhū lóngquán qiū gǔ quán hé liángzhuāngquán shì xiào fù hé
河流的源头。如山东淄博的珠龙泉、秋谷泉和良庄泉是孝妇河
de shuǐyuán quánshuǐchángnián bù duàn de huì rù hé liú shì hé liú bǔ jǐ de zhòngyào bù fen
的水源。泉水长年不断地汇入河流，是河流补给的重要部分。

yǒngquán de fēn lèi
涌泉的分类

gēn jù shuǐ liú zhuàng kuàng de bù tóng kě yǐ jiāngquán fēn wéi jiān xiē quán hé cháng liú quán gēn jù shuǐ liú wēn dù quán kě yǐ fēn wéi wēnquán hé lěng quán
根据水流状况的不同，可以将泉分为间歇泉和常流泉。根据水流温度，泉可以分为温泉和冷泉。

bào tū quán yǔ qiān fó shān dà míng hú bìngchēngwéi jǐ nán sān dà míngshèng
▲趵突泉与千佛山、大明湖并称为济南三大名胜

quánchéng
泉城

quán zài wǒ guó de fēn bù shí fēn guǎng fàn zhǒng lèi yě fēi chángfēng fù gè dì míngquán bù
泉在我国的分布十分广泛，种类也非常丰富，各地名泉不
shèngméi jǔ qí zhōng yǐ jǐ nán wéi zuì jǐ nán zì gǔ chēngquánchéng quán de shùliàngzhàn jù quán
胜枚举。其中以济南为最，济南自古称泉城，泉的数量占据全
guó bàn shù yǐ shàng jǐ nán de qī shí èr míngquánzhōng yǐ bào tū quánwéiguàn bèi yù wéi tiān xià
国半数以上。济南的七十二名泉中以趵突泉为冠，被誉为“天下
dì yī quán cǐ wài jǐ nán de míngquán hái yǒu hēi hǔ quán wǔ lóng tán hé zhēnzhūquán
第一泉”。此外，济南的名泉还有黑虎泉、五龙潭和珍珠泉。

温泉

温泉是泉水的一种，它通常具有较高的水温，有一定数量的化学成分、有机物或气体。由于温泉所含的丰富矿物质具有独特的理疗作用，所以温泉的所在地往往成为著名的疗养和旅游胜地。

著名的天然浴池

我国已知的温泉点约2400多处，陕西临潼的华清池，云南安宁的“天下第一汤”，重庆南、北温泉，广东的从化，南京的汤山，北京的小汤山，台湾北投、阳明山，温州的温泉都是我国著名的天然浴池。

◀西藏呈线形排列的热泉涌出

小知识

位于我国西藏昂仁搭各加地热喷泉是我国最大的间歇喷泉。

温泉的分类

温泉的水多是由降水或地表水渗入地下深处，吸收四周岩石的热量后又上升流出地表的一般是矿泉。泉水温度等于或略超过当地的水沸点的称沸泉；能周期性地、有节奏地喷水的温泉称间歇泉。

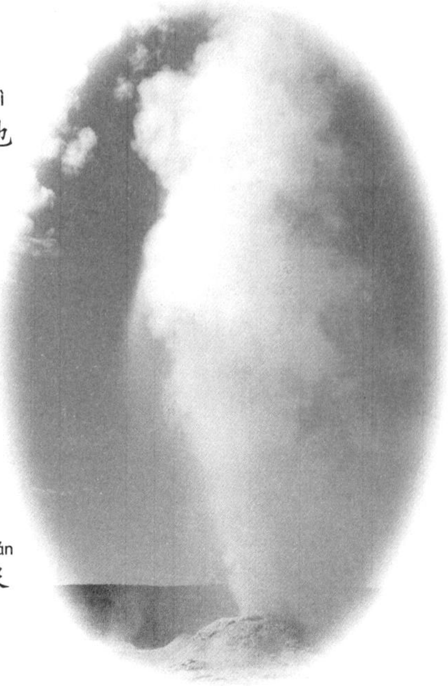

▶ 黄石公园里的老忠实泉是间歇泉

地热喷泉

地热喷泉常常形成于活火山地带，这里地下熔岩活动频繁，经过熔岩的加热，地下水的温度上升，一部分水变成蒸汽，这样地下水受到的压力会越来越高，最终热水从地层缝隙中喷出。

“冰与火之国”

冰岛是欧洲最西部的国家，靠近北极圈，全境1/8被冰川覆盖。但由于整个国家几乎都建立在火山岩石上，所以这里的地热资源十分丰富，是世界温泉最多的国家，所以被称为“冰与火之国”。

▼ 冰岛的温泉

yuè yá quán
月牙泉

zài wǒ guó gān sù shěng dūn huáng shì xī nán mǐ de dì fang yǒu yī chù shén qí de màn màn shā mò zhōng de hú shuǐ qí guān tā jiù shì zhù míng de yuè yá quán zài míng shā shān xià quán shuǐ xíng chéng yī hú zài shā qiū huán bào zhī zhōng kù sì yī wān xīn yuè ér dé míng yuè yá quán bì bō dàng yàng shuǐ yìng shā shān wèi wéi qí guān

在我国甘肃省敦煌市西南5000米的地方，有一处神奇的漫漫沙漠中的湖水奇观，它就是著名的月牙泉，在鸣沙山下，泉水形成一湖，在沙丘环抱之中，酷似一弯新月而得名。月牙泉，碧波荡漾，水映沙山，蔚为奇观。

sài wài fēng guāng
塞外风光

yuè yá quán gǔ shí hòu chēng zhī wéi shā jǐng sú míng wéi yào quán tā nán běi cháng jìn mǐ dōng xī kuān yuē mǐ quán shuǐ dōng shēn xī qiǎn zuì shēn chù yuē mǐ wān qū rú xīn yuè shì dūn huáng zhū duō zì rán jǐng guān zhōng de jiǎo jiǎo zhě bèi yù wéi sài wài fēng guāng zhī yī jué

月牙泉，古时候称之为沙井，俗名为药泉，它南北长近100米，东西宽约25米，泉水东深西浅，最深处约5米，弯曲如新月，是敦煌诸多自然景观中的佼佼者，被誉为“塞外风光之一绝”。

小知识

gān sù de dūn huáng shì shì wǒ guó gǔ dài sī chóu zhī lù shang de zhòng yào yì zhàn

甘肃的敦煌市是我国古代丝绸之路上的重要驿站。

shā mò dì yī quán yuè yá quán
▲沙漠第一泉——月牙泉

fēngjǐng rú huà
风景如画

yuè yá xíng de qīngquán quánshuǐ bì lǜ rú fěi cuì bān xiāng qiàn zài jīn zi shì de shā qiū shang quán biān lú wěi mào mì bái yáng tíng tíng yù lì chuí liǔ wǔ dài piāo sī shā zǎo huāxiāng qì xí rén cóngcóng lú wěi yáo yè duì duì yě niǎo fēi xiáng fēngjǐng rú shī rú huà
月牙形的清泉，泉水碧绿，如翡翠般镶嵌在金子似的沙丘上。泉边芦苇茂密，白杨亭亭玉立，垂柳舞带飘丝，沙枣花香气袭人，丛丛芦苇摇曳，对对野鸟飞翔，风景如诗如画。

xíngchéng zhī mí
形成之谜

duì yú yuè yá quán bǎi nián yù liè fēng ér bù wéi shā yǎn gài de bù jiě zhī mí yǒu xǔ duōshuō fǎ yǒu rén rèn wéi zhè yī dài kě néng shì yuándǎng hé hé wān shì dūnhuáng lǜ zhōu de yī bù fen yóu yú shā qiū yí dòng shuǐ dào biàn huà suì chéngwéi dān dú de shuǐ tǐ
对于月牙泉百年遇烈风而不为沙掩盖的不解之谜，有许多说法。有人认为，这一带可能是原党河河湾，是敦煌绿洲的一部分，由于沙丘移动，水道变化，遂成为单独的水体。

shā mò qí guān
沙漠奇观

yóu yú yuè yá quán dì shì dī shèn liú zài dì xià de shuǐ bù duàn xiàng quán zhōng bǔ chōng shǐ zhī juān liú bù xī tiān hàn bù hé hái yǒu jiù shì yóu yú dì shì de guān xì guā fēng shí míng shā shān shang de shā zi bù wǎng shān xià zǒu ér shì cóng shān xià wǎng shān shàng liú dòng suǒ yǐ yuè yá quán yǒng yuǎn bù huì bèi shā zi mái mò bèi chēng wéi shā mò qí guān
由于月牙泉地势低，渗流在地下的水不断向泉中补充，使之涓流不息，天旱不涸。还有就是由于地势的关系，刮风时，鸣沙山上的沙子不往山下走，而是从山下往山上流动，所以月牙泉永远不会被沙子埋没，被称为沙漠奇观。

hóng shuǐ
洪水

hóngshuǐ shì yīn wèi jiàng yǔ guò duō huòqiáng dù guò dà yǐn qǐ jiāng hé jué dī shānhóng bào fā yān mò tián dì huǐ huài jiàn zhù rén yuánshāngwáng de zì rán zāi hài tā wǎngwǎng fā shēng zài rén kǒu chóu mì jiāng hé hú pō jí zhōng jiàng yǔ chōng pèi de dì fang zhōngguó mèng jiā lā guó shì shì jiè shangshuǐ zāi zuì pín fán zuì sì nüè de dì fang

洪水是因为降雨过多或强度过大引起江河决堤、山洪爆发、淹没田地、毁坏建筑、人员伤亡的自然灾害。它往往发生在人口稠密、江河湖泊集中、降雨充沛的地方。中国、孟加拉国是世界上水灾最频繁、最肆虐的地方。

hóngshuǐ fā shēng de yuán yīn
洪水发生的原因

hóngshuǐ dà duō fā shēng zài jiàng yǔ liàngduō de shí hòu dāng yǔ shuǐ guò duō shí hú pō jiù bù néngróng nà duō yú de shuǐ zhè jiù chéng le hóngshuǐ de lái yuán hé liú hú pō hǎi biān hé shuǐ bà děngshuǐliàngchōng zú de dì fang dōu yǒu kě néng fā shēnghóngshuǐ hú pō shuǐ wèi guò gāo hé liú dī bà de kuì làn hé shuǐ bà shì gù dōu yǒu kě néng dài lái hóngshuǐ

洪水大多发生在降雨量多的时候。当雨水过多时，湖泊就不能容纳多余的水，这就成了洪水的来源。河流、湖泊、海边和水坝等水量充足的地方都有可能发生洪水，湖泊水位过高、河流堤坝的溃烂和水坝事故都有可能带来洪水。

小知识

hóng shuǐ fēn wéi yǔ hóngshuǐ shānhóng ní shí liú róng xuě hóngshuǐ kuì bà hóngshuǐ děng

洪水分为雨洪水、山洪、泥石流、融雪洪水、溃坝洪水等。

kǎ tè lǐ nà jù fēngzào chéng xīn ào ěr liáng bèi hóngshuǐ yān mò

◀ 卡特里娜飓风造成新奥尔良被洪水淹没

hóngshuǐ yān mò dào lù
▲ 洪水淹没道路

hóngshuǐ de wēi hài
洪水的危害

hóngshuǐ bù jǐn huì duì zì rán huánjìng dài lái yán zhòng de wēi hài ér qiě hái wēi xié zhe wǒ men de yǐn yòng shuǐ lái yuán hóng shuǐ liú jīng wū dǐng lù miàn nóng chǎng hé cǎo dì shí huì bǎ féi liào shā chóng jì lā jī děng chōng dào dì biǎo shuǐ hé dì xià shuǐ zhōng shǐ dì xià shuǐ zāo dào wēi xié

洪水不仅会对自然环境带来严重的危害，而且还威胁着我们的饮用水来源。洪水流经屋顶、路面、农场和草地时，会把肥料、杀虫剂、垃圾等冲到地表水和地下水中，使地下水遭到威胁。

mèng jiā lā guó hóngshuǐ
孟加拉国洪水

zài mèng jiā lā guó nián fā shēng de tè dà hóngshuǐ yān sǐ è sǐ wàn rén zhèn jīng shì jiè nián zài cì fā shēng hài rén hóngshuǐ yān mò yǐ shàng de guó tǔ shǐ wàn rén wú jiā kě guī hóngshuǐ shǐ zhè gè guó jiā chéng wéi quán shì jiè zuì pín qióng de guó jiā zhī yī

在孟加拉国，1944年发生的特大洪水淹死、饿死300万人，震惊世界。1988年再次发生骇人洪水，淹没1/3以上的国土，使3000万人无家可归。洪水使这个国家成为全世界最贫穷的国家之一。

jiàn zào dà bà
建造大坝

rén men lì yòng hóngshuǐ jù dà de néng liàng jiàn zào le shuǐ bà shuǐ bà kě yǐ fáng hóng hái kě yǐ fā diàn guàn gài zhuāng jia jìn xíng háng yùn děng shì jiè shang zuì zǎo de shuǐ bà shì āi jí rén jiàn zào de dāng jīn shì jiè zuì dà de shuǐ bà shì zhōng guó jiàn zào de sān xiá dà bà

人们利用洪水巨大的能量，建造了水坝。水坝可以防洪，还可以发电，灌溉庄稼，进行航运等。世界上最早的水坝是埃及人建造的。当今世界最大的水坝是中国建造的三峡大坝。

sān xiá dà bà
▼ 三峡大坝

尼亚加拉瀑布

尼亚加拉大瀑布是世界著名的瀑布之一，它位于加拿大和美国交界的尼亚加拉河上，以其宏伟磅礴的气势、丰沛浩瀚的水量而著称，是世界上七大奇景之一，更是北美最壮丽的自然景观。

“雷神之水”

“尼亚加拉”在印第安语中意为“雷神之水”，印第安人认为瀑布的轰鸣是雷神说话的声音，故他们把它称为“尼亚加拉”，意即“巨大的水声”。

小知识

通过推算冰川后撤的速度，尼亚加拉瀑布至少形成于7000年前。

瀑布的形成

尼亚加拉河是连接伊利湖和安大略湖的一条水道，它从海拔174米直降至海拔75米，河道上横亘着一道石灰岩断崖，水量丰富的尼亚加拉河经此，骤然陡落，因而形成壮观的大瀑布。

sānduàn pù bù
三段瀑布

ní yà jiā lā pù bù bèi shān yáng dǎo hé lǔ nà dǎo fēn chéng le sān duàn fēn bié jiào zuò mǎ tí pù bù jí jiā ná dà pù bù měi guó pù bù hé hūn shā pù bù zhè sān tiáo pù bù liú miàn kuān dá mǐ

尼亚加拉瀑布被山羊岛和鲁纳岛分成了三段，分别叫做马蹄瀑布，即加拿大瀑布，美国瀑布和婚纱瀑布，这三条瀑布流面宽达1160米。

qì shì hóng wěi de mǎ tí pù bù
▲ 气势宏伟的马蹄瀑布

mǎ tí pù bù
马蹄瀑布

mǎ tí pù bù yóu yú shuǐ liàng dà jiàn qǐ de làng huā hé shuǐ qì yǒu shí gāo dá duō mǐ dāng dōng tiān lái lín shí pù bù biǎo miàn huì jié yī céng báo bīng cǐ shí de pù bù biàn huì jì jìng xià lái yáng guāng càn làn shí zhè lǐ huì chū xiàn yī zuò shèn zhì hǎo jǐ zuò cǎi hóng jǐng sè shí fēn mí rén

马蹄瀑布由于水量大，溅起的浪花和水汽有时高达100多米。当冬天来临时，瀑布表面会结一层薄冰，此时的瀑布便会寂静下来。阳光灿烂时，这里会出现一座甚至好几座彩虹，景色十分迷人。

ān hè ěr pù bù
安赫尔瀑布

ān hè ěr pù bù shì shì jiè zuì gāo luò chā zuì dà de pù bù tā yǐn cáng zài wěi nèi
安赫尔瀑布是世界最高、落差最大的瀑布，它隐藏在委内
ruì lā de gāo shān mì lín zhī zhōng yuǎn kàn rú zài dà shí pén shang guà xià de bái sè liàn dài jìn
瑞拉的高山密林之中，远看如在大石盆上挂下的白色练带，近
kàn shì rú shǎn diàn de fēi hóng jiàn de mǎn shān gǔ zhū fēi yù jiàn yún wù zhēng téng shān gǔ
看，势如闪电的飞虹，溅得满山谷珠飞玉溅、云雾蒸腾、山谷
hōng míng
轰鸣。

dì lǐ wèi zhì
地理位置

ān hè ěr pù bù wèi yú wěi nèi ruì lā dōng nán bù de qiū lún hé shang qì shì xióng wěi jǐng
安赫尔瀑布位于委内瑞拉东南部的丘伦河上，气势雄伟、景
sè zhuàng guān dāng dì de yìn dì ān rén qǔ míng wéi qiū lún méi lǔ pù bù
色壮观，当地的印第安人取名为丘伦梅鲁瀑布。

yǎng wàng ān hè ěr pù bù
▼仰望安赫尔瀑布

pù bù de mìng míng
瀑布的命名

nián xī bān yá rén kǎ duō nà shǒu cì fā xiàn
1935年，西班牙人卡多纳首次发现
le yuán běn zhǐ yǒu dāng dì yìn dì ān rén cái zhī xiǎo de qiū lún
了原本只有当地印第安人才知晓的丘伦
méi lǔ pù bù nián měi guó tàn xiǎn jiā ān hè ěr
梅鲁瀑布。1937年，美国探险家安赫尔
wèi le xún zhǎo huáng jīn jià shǐ fēi jī fēi yuè wěi nèi ruì lā
为了寻找黄金，驾驶飞机飞越委内瑞拉
gāo dì shí wú yì fā xiàn le gāi pù bù hòu lái tā yòu duì
高地时无意发现了该瀑布，后来他又对
pù bù jìn xíng kǎo chá shí zhuì jī wèi le jì niàn tā wěi
瀑布进行考察时坠机，为了纪念他，委
nèi ruì lā zhèng fǔ jiāng pù bù yǐ ān hè ěr mìng míng
内瑞拉政府将瀑布以“安赫尔”命名。

落差最大的瀑布

安赫尔瀑布是世界上落差最大的瀑布，丘伦河水从平顶高原奥扬特普伊山的陡壁直泻而下，几乎未触及陡崖，瀑布分为两级，先泻下807米，落在一个岩架上，然后再跌落172米，落在山脚下一个宽152米的大水池内。

小知识

安赫尔瀑布落差约979.6米，比世界第二高瀑布高126米。

难睹"芳姿"

今天的安赫尔瀑布虽然驰名世界，然而，能够有机会亲眼目睹其"芳姿"的人还很少。层层茂密的原始森林遮蔽了游人的视线，不可能步行抵达瀑布的底部。雨季时，河流因多雨而变深，人们可以乘船进入。在一年的其他时间里，只能租乘飞机从空中观赏瀑布。

yī guā sū pù bù
伊瓜苏瀑布

yī guā sū pù bù wèi yú bā xī hé ā gēn tíng jiāo jiè de yī guā sū hé xià yóu hé shuǐ shùn zhe dào xíng xiá gǔ de dǐng bù hé liǎng biān xiàng xià zhí xiè xíng chéng yī gè jǐng xiàng zhuàng guān de bàn huán xíng pù bù qún zài yáng guāng zhào shè xià xíng chéng wú shù guāng guài lù lí de cǎi hóng jǐng sè wèi wéi zhuàng guān

伊瓜苏瀑布位于巴西和阿根廷交界的伊瓜苏河下游，河水顺着倒U形峡谷的顶部和两边向下直泻，形成一个景象壮观的半环形瀑布群，在阳光照射下形成无数光怪陆离的彩虹，景色蔚为壮观。

fā xiàn pù bù
发现瀑布

nián yī wèi xī bān yá chuán jiào shì zài nán měi bā lā nà hé liú yù de rè dài yǔ lín zhōng yì wài de fā xiàn le yī guā sū dà pù bù céng céng dié dié de pù bù huán rào zhe yī gè mǎ tí xíng xiá gǔ páo xiào zhe qīng xiè ér xià jī qǐ de shuǐ wù mí màn zài mì lín shàng kōng bēn liú ér xià de shuǐ liú shēng jǐ qiān mǐ wài dōu néng tīng jiàn

1542年，一位西班牙传教士在南美巴拉那河流域的热带雨林中，意外地发现了伊瓜苏大瀑布：层层叠叠的瀑布环绕着一个马蹄形峡谷咆哮着倾泻而下，激起的水雾弥漫在密林上空，奔流而下的水流声几千米外都能听见。

yī guā sū dà pù bù kān chēng rén jiān qí jǐng

◀ 伊瓜苏大瀑布堪称“人间奇景”。

小知识

yī guā sū pù bù shì shì jiè shang zuì kuān de pù bù kuān yuē mǐ

伊瓜苏瀑布是世界上最宽的瀑布，宽约4000米。

瀑布的形成

伊瓜苏河在阿根廷与巴西边境，陡然遇到一个峡谷，河水顺着倒U形峡谷的顶部和两边向下直泻，凸出的岩石将奔腾而下的河水切割成大大小小270多个瀑布，形成一个景象壮观的半环形瀑布群。

▼宽阔的伊瓜苏瀑布

最宽的瀑布

伊瓜苏河发源于库里蒂巴附近的马尔山脉，沿途接纳大小支流约30条，流至伊瓜苏瀑布处，河面展宽约4000米，因而形成世界上最宽的瀑布。

魔鬼喉

伊瓜苏瀑布与众不同之处在于观赏点多，从不同地点、不同方向、不同高度，看到的景象不同。峡谷顶部是瀑布的中心，水流最大最猛，人称“魔鬼喉”。

wéi duō lì yà pù bù
维多利亚瀑布

wéi duō lì yà pù bù shì fēi zhōu zuì dà de pù bù yě shì shì jiè shang zuì měi lì zuì
维多利亚瀑布是非洲最大的瀑布，也是世界上最美丽、最
zhuàngguān de pù bù zhī yī tā wèi yú nán bù fēi zhōu zàn bǐ yà hé jīn bā bù wéi jiē rǎng de
壮观的瀑布之一，它位于南部非洲赞比亚和津巴布韦接壤的
dì fang zài fēi zhōu dà lù shang wéi duō lì yà pù bù shì hé dōng fēi dà liè gǔ qí míng de dà
地方。在非洲大陆上，维多利亚瀑布是和东非大裂谷齐名的大
zì rán de jié zuò
自然的杰作。

xíngchéngyuán yīn
形成原因

wéi duō lì yà pù bù wèi yú zàn bǐ xī hé shàngyóu hé zhōngyóu jiāo jiè chù shì yóu yú yī tiáo
维多利亚瀑布位于赞比西河上游和中游交界处，是由于一条
shēn suì de yán shí duàn liè gǔ zhènghǎohéng qiē zàn bǐ xī hé xíngchéng de ér zhè gè duàn liè gǔ shì
深邃的岩石断裂谷正好横切赞比西河形成的，而这个断裂谷是
zài yì nián yǐ qián de dì qiào yùndòngzhōngxíngchéng de
在1.5亿年以前的地壳运动中形成的。

小知识

wéi duō lì yà dà pù
维多利亚大瀑
bù kuān duō mǐ luò
布宽1800多米，落
chā mǐ
差106米。

wǔ duàn pù bù
五段瀑布

wéi duō lì yà pù bù shí jì shang fēn wéi wǔ duàn tā
维多利亚瀑布实际上分为五段，它
men shì dōng pù bù cǎi hóng pù bù mó guǐ pù bù xīn
们是东瀑布、彩虹瀑布、魔鬼瀑布、新
yuè xíng de mǎ tí pù bù hé zhǔ pù bù dà pù bù suǒ qīng
月形的马蹄瀑布和主瀑布。大瀑布所倾
zhù de xiá gǔ běn shēn jiù shì shì jiè shang hǎn jiàn de tiān qiàn
注的峡谷本身就是世界上罕见的天堑。
zài zhè lǐ gāo xiá qū zhé cāng yán rú jiàn jù pù fān
在这里，高峡曲折，苍岩如剑，巨瀑翻
yín jí liú rú bēn gòu chéng yī fú gé wài qǐ lì de
银，疾流如奔，构成一幅格外绮丽的
zì rán jǐng sè
自然景色。

mó guǐ pù bù shàng kōng xíng chéng de cǎi hóng
▶ 魔鬼瀑布上空形成的彩虹

shēng téng de shuǐ wù
升腾的水雾

fēi liú zhí xià de zhè wǔ tiáo pù bù kù sì yī fú chuí rù shēn yuān zhōng de jù dà chuāng lián
飞流直下的这五条瀑布酷似一幅垂入深渊中的巨大窗帘，
pù bù qún xíng chéng de gāo jǐ bǎi mǐ de zhù zhuàng yún wù fēi wù hé shēng làng néng piāo sòng dào qiān
瀑布群形成的高几百米的柱状云雾、飞雾和声浪能飘送到10千
mǐ yǐ wài shù qiān mǐ wài de rén men dōu néng kàn dào shuǐ wù zài bù duàn de shēng téng
米以外。数千米外的人们都能看到水雾在不断地升腾。

wéi duō lì yà pù bù xíng chéng de shuǐ wù
▲ 维多利亚瀑布形成的水雾

mó guǐ pù bù
魔鬼瀑布

mó guǐ pù bù xióng wěi jué shì gǔn
魔鬼瀑布雄伟绝世，滚
gǔn liú shuǐ xiōng yǒng fēi luò léi tíng
滚流水，汹涌飞落、雷霆
wàn jūn jīng tiān dòng dì yóu rén zhì
万钧、惊天动地。游人至
cǐ gǎn jué dà dì sì hū dōu zài chàn dǒu
此，感觉大地似乎都在颤抖。

shī dì
湿地

sēn lín hǎi yáng shī dì bèi chēng wéi dì qiú de sān dà shēng tài xì tǒng tā bù jǐn wèi
森林、海洋、湿地被称为地球的三大生态系统，它不仅为
rén lèi tí gōng dà liàng shí wù yuán liào hé shuǐ zī yuán ér qiě zài wéi chí shēng tài píng héng bǎo
人类提供大量食物、原料和水资源，而且在维持生态平衡、保
chí shēng wù duō yàng xìng hé zhēn xī wù zhǒng zī yuán yǐ jí hán yǎng shuǐ yuán xù hóng fáng hàn tiáo jié
持生物多样性和珍稀物种资源以及涵养水源、蓄洪防旱、调节
qì hòu děng fāng miàn jūn qǐ dào zhòng yào zuò yòng
气候等方面均起到重要作用。

zhòng yào de shēng tài xì tǒng
重要的生态系统

shī dì shì wèi yú lù shēng shēng tài xì tǒng hé shuǐ shēng shēng tài xì tǒng zhī jiān de guò dù xìng dì
湿地是位于陆生生态系统和水生生态系统之间的过渡性地
dài zài tǔ rǎng jìn pào zài shuǐ zhōng de tè dìng huán jìng xià shēng zhǎng zhe hěn duō shī dì de tè zhēng
带，在土壤浸泡在水中的特定环境下，生长着很多湿地的特征
zhí wù shī dì guǎng fàn fēn bù yú shì jiè gè dì yōng yǒu zhòng duō yě shēng dòng zhí wù zī yuán
植物。湿地广泛分布于世界各地，拥有众多野生动植物资源，
shì zhòng yào de shēng tài xì tǒng
是重要的生态系统。

▼ běi jí tái yuán shī dì
北极苔原湿地

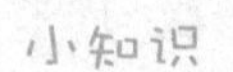

小知识

shī dì bèi chēng wéi dì qiú zhī shèn shì rén lèi zuì zhòng yào de shēng cún huán jìng zhī yī
湿地被称为“地球之肾”，是人类最重要的生存环境之一。

湿地的功能

湿地可作为直接利用的水源或补充地下水，又能有效控制洪水和防止土壤沙化，还能滞留沉积物、有毒物、营养物质，从而改善环境污染；它能以有机质的形式储存碳元素，减少温室效应。

多瑙河三角洲

多瑙河三角洲是欧洲最大的湿地，它位于罗马尼亚东部黑海入海口处，这里大部地区芦苇茂密，是世界最大的芦苇区之一。此外，鱼类、鸟类资源也很丰富，被誉为“欧洲最大的地质、生物实验室”。这里还有着旖旎的风光，是世界著名的自然风景区。

▲ 多瑙河三角洲芦苇丛中生活的鹈鹕

我国的重要湿地

目前我国已经列入《湿地公约》国际重要湿地名录的湿地共39处，如黑龙江扎龙自然保护区、青海鸟岛自然保护区、鄱阳湖自然保护区、湖南东洞庭湖自然保护区、内蒙鄂尔多斯遗鸥自然保护区等。

荒漠奇景

荒漠是地球上一处独特的景观，这里的气候干燥、风沙强烈、植被稀少，到处都呈现出凋敝的景象。然而，荒漠却有着自己独特的魅力，能发出声响的鸣沙山、形态各异的沙漠岩塔、令人胆颤心惊的死谷、瓜果飘香的绿洲……

míng shā shān
鸣沙山

míng shā yòu bèi chēng wéi xiǎng shā xiāo shā hé yīn yuè shā shì zhǐ huì fā chū
鸣沙又被称为“响沙”“消沙”和“音乐沙”，是指会发出
shēng xiǎng de shā zi tā shì shì jiè shàng pǔ biàn cún zài de yī zhǒng zì rán xiàn xiàng bèi yù wéi
声响的沙子，它是世界上普遍存在的一种自然现象，被誉为
tiān dì jiān de qí xiǎng zì rán jiè zhōng měi miào de yuè zhāng zài wǒ guó hé shì jiè duō chù dì
“天地间的奇响，自然界中美妙的乐章”，在我国和世界多处地
fang dōu yǒu míng shā shān
方都有鸣沙山。

míng shā chǎn shēng de tiáo jiàn
鸣沙产生的条件

míng shā yī bān dōu chū xiàn zài hǎi tān huò zhě shā mò zhōng ér qiě dà duō shì zài fēng hé rì lì
鸣沙一般都出现在海滩或者沙漠中，而且大多是在风和日丽、
guā dà fēng huò shì yǒu rén zài shā duī shàng biān huá dòng de shí hòu fā chū shēng yīn lìng wài rén men hái
刮大风或是有人在沙堆上边滑动的时候发出声音。另外，人们还
fā xiàn zhǐ yǒu zhí jìng shì háo mǐ jié jìng de shí yīng shā cái néng gòu fā chū shēng xiǎng
发现，只有直径是 0.3 ~ 0.5 毫米洁净的石英沙才能够发出声响，
ér qiě shā lì yuè gān zào shēng xiǎng yuè dà
而且沙粒越干燥声响越大。

míng shā shān shì yī zhǒng qí tè de dì lǐ xiàn xiàng
▼鸣沙山是一种奇特的地理现象

小知识

zài cháo shī de tiān qì yǔ tiān hé dōng tiān míng shā yī bān dōu bù huì fā chū shēng xiǎng
在潮湿的天气、雨天和冬天，鸣沙一般都不会发出声响。

分布广泛

世界上很多地方都分布有鸣沙，例如美国的长岛、马萨诸塞湾、威尔斯两岸；英国的诺森伯兰海岸；丹麦的波恩贺尔姆岛；波兰的科尔堡；蒙古的戈壁滩、智利的阿塔卡玛沙漠、沙特阿拉伯的一些沙滩和沙漠等。

◀ 摩洛哥鸣沙山

敦煌鸣沙山

在我国有多处鸣沙山，但最被人们熟知的是甘肃敦煌的鸣沙山，它全由细沙聚积而成，狂风起时，鸣沙山会发出巨大的响声，轻风吹拂时，又似管弦丝竹，扣人心弦。

▲ 敦煌鸣沙山

“世界上最响的鸣沙山”

木垒鸣沙山位于新疆昌吉州木垒县城的东北，是我国最大的鸣沙山之一，它共有五座红色垄状沙山，相关资料表明，木垒鸣沙山是“世界上最响的鸣沙山”。

liú shā
流沙

liú shā gù míng sī yì jiù shì liú dòng de shā zi gè zhǒng yǐng shì jù zhōng wǒ men
流沙，顾名思义，就是流动的沙子。各种影视剧中，我们
ǒu ěr huì kàn dào liú shā de chǎng jǐng tā cháng cháng shǐ xiàn rù qí zhōng de rén men bù néng zì bá
偶尔会看到流沙的场景，它常常使陷入其中的人们不能自拔，
ér zuì zhōng jiāng tā men tūn shì suǒ yǐ liú shā liú gěi rén men de wǎng wǎng shì zāi nàn kǒng bù
而最终将他们吞噬。所以，流沙留给人们的往往是灾难、恐怖
de yìn xiàng
的印象。

xíng chéng liú shā de yuán yīn
形成流沙的原因

liú shā zhǔ yào shì shā zi zài dì xià yù dào shuǐ zài shuǐ de yā lì fā shēng biàn huà de qíng kuàng
流沙主要是沙子在地下遇到水，在水的压力发生变化的情况
xià shuǐ fā shēng le liú dòng zhè yàng shā zi gēn shuǐ yī qǐ fā shēng le liú dòng zài tōng cháng qíng
下，水发生了流动，这样沙子跟水一起发生了流动。在通常情
kuàng xià dì xià shuǐ de yā lì shì gù dìng bù biàn de dàn shì yī dàn shuǐ yā fā shēng biàn huà zhěng
况下地下水的压力是固定不变的，但是一旦水压发生变化，整
gè shā céng jiù huì gēn zhe fā shēng biàn huà
个沙层就会跟着发生变化。

liú shā
▼流沙

流沙层在我国的分布

美国的一位研究人员称，只要条件适宜，流沙可以出现在任何地方。我国的长江沿岸、沿淮部分地区都有流沙层的分布。

▲ 流动的沙子

容易出现流沙的地方

虽然流沙可以发生在几乎任何有水的地方，但是在某些地方流沙出现得尤为频繁。最容易发生流沙的地方包括河堤、海滩、湖岸线、地下泉附近、沼泽。

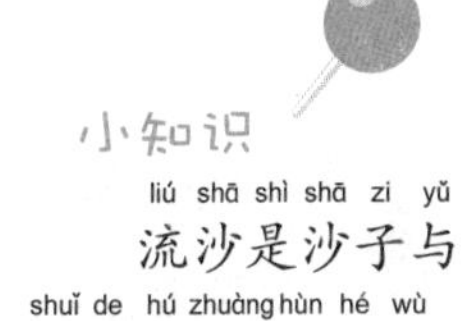

小知识

流沙是沙子与水的糊状混合物。

罗伊尔港口惨剧

1692年，牙买加的罗伊尔港口就曾发生过因地震导致土壤液化而形成流沙，最后造成1/3的城市消失、两千人丧生的惨剧。

lǜ zhōu
绿洲

jǐn guǎn shā mò gān hàn shǎo yǔ bù lì yú zhí wù de shēngzhǎng fán yǎn dàn zài yī wàng wú
尽管沙漠干旱少雨，不利于植物的生长繁衍，但在一望无
jì de shā mò zhōng ǒu ěr hái shì huì fā xiàn yī piàn cōng lǜ de shù lín cǎo cóng nà jiù shì shā
际的沙漠中，偶尔还是会发现一片葱绿的树林草丛，那就是沙
mò zhōng zuì bǎo guì de lǜ zhōu lǜ zhōu tǔ rǎng féi wò guàn gài tiáo jiàn biàn lì wǎngwǎng shì gān
漠中最宝贵的绿洲。绿洲土壤肥沃、灌溉条件便利，往往是干
hàn dì qū nóng mù yè fā dá de dì fang
旱地区农牧业发达的地方。

bì lǔ de yī chù shā mò lǜ zhōu
秘鲁的一处沙漠绿洲

小知识

lǜ zhōu duō chéng dài zhuàng fēn bù zài hé liú quán fù jìn jí yǒu bīng xuě róng shuǐ de shān lù dì dài
绿洲多呈带状分布在河流、泉附近及有冰雪融水的山麓地带。

xíngchéng yuán yīn
形成原因

shā mò lǜ zhōu dà dōu chū xiàn zài bèi kào gāoshān de dì fang měidāng xià jì lái lín shí gāoshānshang róng huà de bīng xuě huì chéng hé liú hòu jìn rù shā mò de dī gǔ jiù xíngchéng le dì xià shuǐ ér dāng dì xià shuǐ liú dào shā mò de dī wā dì dài shí jiù huì yǒngchū dì miàn xíngchéng hú pō yóu yú dì xià shuǐ zī rùn le shā mò zhí wù cǎo cóng kāi shǐ màn màn shēng zhǎng fán yǎn biàn huì xíngchéng shā mò zhōng de lǜ zhōu
沙漠绿洲大都出现在背靠高山的地方，每当夏季来临时，高山上融化的冰雪汇成河流后进入沙漠的低谷，就形成了地下水。而当地下水流到沙漠的低洼地带时就会涌出地面，形成湖泊。由于地下水滋润了沙漠，植物草丛开始慢慢生长繁衍，便会形成沙漠中的绿洲。

绿洲的面积

绿洲是沙漠中的片片沃土，它们出现在终年拥有淡水资源的地方，绿洲的面积也往往大小不一，小泉水周围形成的绿洲较小，而拥有大面积天然水或灌溉的地方常常能形成较大面积的绿洲。

▲利比亚沙漠中的绿洲

遥远的水源

绿洲的水源大多来自地下，如泉水、井水等，令人称奇的是，这些水源可能远在800多千米以外的地方。

绿洲农业

沙漠地区天然降水少，难以满足农作物生长的需要，但这些绿洲地区夏季气温高，热量条件充足，只要有充足的灌溉水源，小麦、水稻、棉花、瓜果、甜菜等农作物都能生长良好。

▼撒哈拉绿洲

死谷

在地球上，还有一种人迹罕至的地方，它们常常隐伏着死亡的危机，让人们闻之不寒而栗。世界著名的“死谷”分别在俄罗斯、美国、意大利等国，它们所处的地理位置不同，且恐怖诡异的景象也各不相同。

俄罗斯的“死谷”

俄罗斯的“死谷”位于勘察加半岛的克罗诺基山区，长达2000米，宽100～300米。这里的地势凸凹不平，怪石嶙峋，不少地方有天然硫磺嶙峋露出地面，随处可见狗熊、狼獾以及其他野兽的尸骨，误入该地的人类也不能幸免。

▼勘察加半岛山谷

小知识

美国的“死亡谷”是美国著名的爱德华空军基地和太空实验的场所。

美国的“死谷”

在美国加利福尼亚州与内华达州相毗连的群山之中，也有一条特大的“死谷”，它面积达1400多平方千米，形成约在300万年前。如今展露在大自然下的死谷，只是一层层覆盖泥浆与岩盐层的堆积。

▶ 美国死亡谷

人类的禁地

“死谷”两岸悬崖峭壁，地势十分险恶，这里的气候极端炎热干燥，误入此地的人很难生还。可令人难以理解的是，这里却是飞禽走兽的“天堂”，其间各种珍禽异兽不计其数。总之，这个“死谷”是一个不寻常的自然之谜。

“动物的墓场”

意大利的那不勒斯和瓦维尔诺湖附近的“死谷”与美国的“死谷”相反，它只危害飞禽走兽，对人的生命却毫无威胁，因此该地又被意大利人称为“动物的墓场”。

shā mò yán tǎ
沙漠岩塔

在澳大利亚西部临近西南海岸线的地方，有一片荒凉的沙漠，这里人迹罕至。由于沙漠中林立着无数塔状孤立的岩石，因而被称为岩塔沙漠。这里的岩塔形态各异，遍布于茫茫的黄沙之中，景色十分壮观。

不同的颜色

在这片沙漠中，暗灰色的岩塔高1～5米，矗立在平坦的沙面上。往沙漠腹地走去，岩塔的颜色由暗灰色逐渐变成金黄色。有些岩塔大如房屋，有些则细如铅笔。岩塔数目成千上万，分布面积约4平方千米。

▼ 壮观的沙漠岩塔

小知识

据科学家估计，几个世纪以后，这些岩塔有可能消失。

形态各异

每个岩塔形状不同，有的表面比较平滑，有的像蜂窝，有的一簇岩塔酷似巨大的牛奶瓶散放在那里；还有其他岩塔的名字也都名如其形，如叫“骆驼”“大袋鼠”“印第安酋长”等。

▲ 形状各异的岩塔

发现历史

虽然这些岩塔已有几万年的历史，但肯定是近代才从沙中露出来的。在1956年澳大利亚历史学家特纳发现它们之前，外界似乎对此一无所知，只是口头流传着。

岩塔的形成

帽贝等海洋软体动物是构成岩塔的原始材料。几十万年前，这些软体动物在海洋中大量繁殖，死后，贝壳破碎成石灰沙。这些沙被风浪带到岸上，堆积，再经过复杂的地质作用最终就形成了沙丘。

shā mò huà
沙漠化

suí zhe gōng yè shè huì de fā zhǎn dì qiú shang rén kǒu de bù duàn zēng jiā rén lèi duì huán jìng de yǐng xiǎng yù jiā míng xiǎn jiā zhī dì qiú qì hòu de biàn huà zào chéng le dì qiú shang gān hàn hé bàn gān hàn dì qū de fēng shā huó dòng jiā jù tǔ rǎng chū xiàn le shā mò huà de xiàn xiàng zhè duì rén lèi de shēng cún zào chéng le wēi xié

随着工业社会的发展，地球上人口的不断增加，人类对环境的影响愈加明显，加之地球气候的变化，造成了地球上干旱和半干旱地区的风沙活动加剧，土壤出现了沙漠化的现象。这对人类的生存造成了威胁。

zào chéng shā mò huà de yuán yīn
造成沙漠化的原因

zào chéng shā mò huà de zì rán yīn sù zhǔ yào shì qì hòu de biàn qiān rú gān hàn dì biǎo wéi sōng sàn shā zhì chén jī wù hé dà fēng de chuī yáng děng rén wéi yīn sù zhǔ yào shì rén lèi guò dù fàng mù guò dù kěn zhí guò dù qiáo chái bù hé lǐ de lì yòng shuǐ zī yuán hé gōng kuàng jiāo tōng jiàn shè zhōng bù zhù yì huán bǎo děng

造成沙漠化的自然因素主要是气候的变迁，如干旱、地表为松散砂质沉积物和大风的吹扬等；人为因素主要是人类过度放牧、过度垦殖、过度樵柴、不合理地利用水资源和工矿交通建设中不注意环保等。

sēn lín shā mò huà
▼ 森林沙漠化

全球沙漠化

地球上受到沙漠化影响的土地面积有3800多万平方公里，全世界每年约有600万公顷土地发生沙漠化。沙漠化问题涉及的范围之广，已引起全世界关注。

衰落的文明

著名的美索不达米亚（今伊拉克）地区是世上最早发展农业的地域之一。这里的土壤原来非常肥沃，不过由于过度的农业活动导致水土流失，如今，这里已经成为世界上较干旱的地区之一。

小知识

沙漠化的加剧使敦煌莫高窟的壁画和彩塑出现了变色、脱落等现象。

我国的荒漠化

在我国新疆地区，由于超采地下水，天山北坡和吐鲁番—哈密盆地绿洲边缘植被严重退化，一些片状的沙漠开始合拢。库鲁斯台大草原的植被也呈荒漠化发展。

▼沙漠化现象

荒漠温差

huāng mò wēn chā

荒漠地区是地球上最干旱的地区之一，这里少雨缺水，植被很少，大部分地区主要是石头和沙子，戈壁沙漠遍地都是碎石，这样的地表结构很难保留住白天吸收到的热量，所以，一到夜晚，温度就非常低。

巨大的温差

撒哈拉地区气候炎热干燥，全年平均气温超过30℃，温差大是这里的一大特征，最热的几个月中，温度超过50℃。冬天气温却会下降到0℃以下，日常的气温变化也在-0.5℃～37.5℃之间。我国的塔克拉玛干沙漠的昼夜温差也可达40℃以上。

塔克拉玛干沙漠

小知识

我国新疆的吐鲁番—哈密地区是著名的“瓜果之乡”。

白天温度高

由于荒漠地区地面植被稀少，造成地表裸露，太阳光直接照射到地上，地面吸热非常快，沙漠白天吸收很多热量，空气温度往往达到45℃，而地面温度往往更高。

沙漠地区白天温度高

夜晚温度低

由于荒漠地区地表的沙石不能保留住热量，所以一到夜晚地面散热特别快，而且气候干燥，很难形成云层，加之沙漠中没有建筑和高大的树木等植物，夜间地表的散发出去的热量没有被反射回来，所以温度大幅度下降，夜晚的温度就特别低。

瓜果甜

在荒漠地区的绿洲，由于白天温度高，光照强，光合作用强，有利于植物的营养贮存，也就是淀粉和糖的积累，晚上温度低，抑制了酶的活性，几乎不消耗营养，长期日夜大温差，淀粉和糖也就越来越多，等果实成熟时，淀粉转化成糖，我们吃起来感觉比较甜。

低温世界

当太阳直射南半球时，北半球就会迎来寒冷的冬天。随着漫天雪花飘舞，大地就会披上洁白的银装，而美丽的雾凇会将人带进如诗如画的世界，然而，冻雨、冰山、雪崩则是这低温世界中美丽的杀手。

xuě huā

雪花

xuě huā shì dì qiú shang jiàng shuǐ de yī zhǒng xíng shì dōng tiān màn tiān piāo wǔ de xuě huā gěi
雪花是地球上降水的一种形式。冬天，漫天飘舞的雪花给
dà dì pī shàng le yín zhuāng sù guǒ xuě bù dàn gěi wǒ men dài lái le shēng jī qīng chú kōng qì
大地披上了银装素裹。雪不但给我们带来了生机，清除空气
zhōng de bìng jūn hé huī chén yě gěi zhí wù gài shang le wēn nuǎn de mián bèi dàn shì xuě liàng guò
中的病菌和灰尘，也给植物盖上了温暖的棉被，但是雪量过
duō yě huì zào chéng xuě zāi
多，也会造成雪灾。

xuě de lái lì

雪的来历

zài dōng tiān lǐ suī rán yún hěn shǎo xià xuě qián tiān kōng zhōng huì bù
在冬天里虽然云很少，下雪前，天空中会布
mǎn hòu hòu de yún céng zhè xiē yún shì yóu dà liàng de xiǎo bīng jīng zǔ chéng de
满厚厚的云层，这些云是由大量的小冰晶组成的。
dāng zhè xiē xiǎo bīng jīng jī lěi dào zú gòu duō de shí hòu tiān kōng jiù huì piāo qǐ
当这些小冰晶积累到足够多的时候，天空就会飘起
jié bái de xuě huā
洁白的雪花。

mí rén de xuě jǐng
▼ 迷人的雪景

小知识

xíng chéng xuě huā de bīng jīng yǒu chéng liù léng tǐ zhuàng de zhù jīng hé chéng liù jiǎo xíng de piàn jīng liǎng zhǒng
形成雪花的冰晶有呈六棱体状的柱晶和呈六角形的片晶两种。

gè zhǒng gè yàng de xuě huā
各种各样的雪花

xuě huā hěn qīng dān gè zhòngliàng zhǐ yǒu kè ér qiě xuě huā de xíngzhuàng jí
雪花很轻，单个重量只有0.2～0.5克，而且雪花的形状极
duō ér qiě shí fēn měi lì rú guǒ bǎ xuě huā fàng zài fàng dà jìng xià kě yǐ fā xiàn měi piàn xuě huā
多，而且十分美丽。如果把雪花放在放大镜下，可以发现每片雪花
dōu shì yī fú jí qí jīng měi de tú àn lián xǔ duō yì shù jiā dōu zàn tàn bù yǐ
都是一幅极其精美的图案，连许多艺术家都赞叹不已。

liù jiǎo xíng de xuě huā
六角形的雪花

xuě huā shì yóu xiǎo bīng jīng zēng dà biàn lái de xuě huā de yàng zi yǔ tā xíngchéng shí de shuǐ qì
雪花是由小冰晶增大变来的，雪花的样子与它形成时的水汽
tiáo jiàn yǒu mì qiè de guān xì rán ér wú lùn xuě huā zěnyàng qí miàowànqiān tā de jié jīng tǐ
条件有密切的关系。然而，无论雪花怎样奇妙万千，它的结晶体
dōu shì yǒu guī lǜ de liù jiǎo xíng suǒ yǐ wǒ guó gǔ rén yǒu cǎo mù zhī huā duō wǔ chū dú xuě
都是有规律的六角形，所以我国古人有“草木之花多五出，独雪
huā liù chū de shuō fǎ
花六出”的说法。

hé bìng de xuě huā
合并的雪花

xuě huā cóng yún zhōng xià jiàng
雪花从云中下降
dào dì miàn lù tú hěn cháng
到地面，路途很长，
zài tiáo jiàn shì hé shí kě yǐ
在条件适合时，可以
jīng duō cì pān lián bìng hé ér biàn
经多次攀连并合而变
de hěn dà yǒu shí wǒ men huì
得很大。有时我们会
kàn dào yǒu yī xiē é máo bān de
看到有一些鹅毛般的
dà xuě piàn jiù shì jīng guò duō
大雪片，就是经过多
cì bìng hé ér chéng de
次并合而成的。

dà piàn xuě huā cóng kōng zhōng jiàng luò
▲大片雪花从空中降落

jié bīng
结冰

zài zì rán jiè zhōng shuǐ yǒu sān zhǒng zhuàng tài jí qì tài yè tài hé gù tài wǒ men cháng cháng jiāng gù tài de shuǐ chēng zhī wéi bīng dāng shuǐ de wēn dù dào dá líng dù shí jiù huì kāi shǐ jié bīng hé liú hé hú pō jié bīng kě yǐ bǎo zhàng shuǐ xià shēng wù de shēng cún ér dào lù jié bīng wǎng wǎng wèi rén men de shēng huó dài lái bù biàn

在自然界中，水有三种状态，即气态、液态和固态。我们常常将固态的水称之为冰，当水的温度到达零度时，就会开始结冰。河流和湖泊结冰可以保障水下生物的生存，而道路结冰往往为人们的生活带来不便。

shuǐ zhōng shēng wù de bǎo zhàng
水中生物的保障

dāng hé liú hé hú pō zhōng de shuǐ jié bīng de shí hòu bīng de mì dù xiǎo fú zài shuǐ miàn kě yǐ bǎo zhàng shuǐ xià shēng wù de shēng cún dāng tiān qì zhuǎn nuǎn de shí hòu bīng zài shàng miàn yě shì zuì xiān jiě dòng zhè yàng jiù bǎo zhèng le shuǐ zhōng shēng wù de shēng cún

当河流和湖泊中的水结冰的时候，冰的密度小，浮在水面，可以保障水下生物的生存。当天气转暖的时候，冰在上面，也是最先解冻。这样就保证了水中生物的生存。

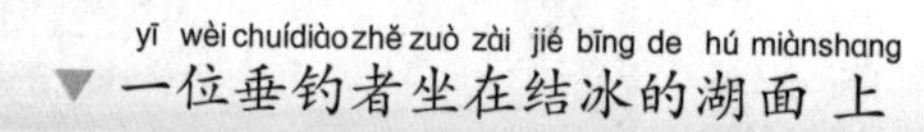
yī wèi chuí diào zhě zuò zài jié bīng de hú miàn shang
▼一位垂钓者坐在结冰的湖面上

小知识

dāng bīng líng yōng sāi yǐn qǐ de zàn shí zhǎng shuǐ jiào zuò líng xùn

当冰凌壅塞引起的暂时涨水叫做凌汛。

dào lù jié bīng
道路结冰

dōng tiān shí dāng lù miàn de jī xuě méi yǒu jí shí qīng sǎo ér qiě
冬天时，当路面的积雪没有及时清扫，而且
kōng qì wēn dù yī zhí bǐ jiào dī shí dào lù jiù huì chū
空气温度一直比较低时，道路就会出
xiàn jié bīng xiàn xiàng zhè huì gěi jiāo
现结冰现象，这会给交
tōng ān quán dài lái jí dà de yǐn huàn
通安全带来极大的隐患。
suǒ yǐ měi féng jiàng xuě hòu wǒ men
所以每逢降雪后，我们
yào jí shí qīng sǎo dào lù jī xuě
要及时清扫道路积雪。

jiàng xuě liàng jiào dà shí huì chū xiàn dào lù jié bīng xiàn xiàng
▲ 降雪量较大时会出现道路结冰现象

hé liú jié bīng
河流结冰

hé liú fēng dòng yǒu liǎng zhǒng qíng kuàng yī zhǒng shì cóng àn biān kāi shǐ xiàng hé xīn fā zhǎn
河流封冻有两种情况。一种是从岸边开始，向河心发展，
zhú jiàn huì hé chéng bīng qiáo zài kuò zhǎn shǐ zhěng gè hé miàn quán bèi fēng dòng hái yǒu yī zhǒng shì liú
逐渐汇合成冰桥，再扩展使整个河面全被封冻。还有一种是流
bīng zài hé liú xiá zhǎi huò qiǎn tān chù xíng chéng bīng bà hòu bīng kuài xiāng hù zhī jiān hé bīng kuài yǔ hé àn
冰在河流狭窄或浅滩处形成冰坝后，冰块相互之间和冰块与河岸
zhī jiān xùn sù dòng jié qǐ lái bìng nì liú xiàng shàng kuò zhǎn shǐ zhěng gè hé miàn fēng dòng
之间迅速冻结起来，并逆流向上扩展，使整个河面封冻。

hé liú zhōng yǐ jīng kāi shǐ róng huà de bīng líng
▲ 河流中已经开始融化的冰凌

bīng líng
冰凌

dāng qì wēn shēng gāo shí hé liú
当气温升高时，河流
lǐ de bīng kāi shǐ huà jiě fēn jiě de bīng
里的冰开始化解，分解的冰
kuài suí zhe hé shuǐ xiàng xià liú dòng hé liú
块随着河水向下流动，河流
jiě dòng kāi fēng dāng dà kuài bīng xiōng yǒng
解冻开封。当大块冰汹涌
ér xià jiù róng yì zào chéng bīng líng jǐng guān
而下，就容易造成冰凌景观。

wù sōng
雾凇

zài wǒ guó běi fāng de jí lín měi dào dōng tiān chángcháng huì chū xiàn měi lì de wù sōng xiàn xiàng dào shí sōng huā jiāng àn shí lǐ cháng dī hū rú yī yè chūn fēng lái qiān shù wàn shù lí huā kāi liǔ shù jié yín huā sōng shù zhàn yín jú bǎ rén men dài jìn rú shī rú huà de xiān jìng

在我国北方的吉林，每到冬天，常常会出现美丽的雾凇现象。到时，松花江岸十里长堤“忽如一夜春风来，千树万树梨花开”，柳树结银花，松树绽银菊，把人们带进如诗如画的仙境。

wù sōng de xíngchéng
雾凇的形成

yī dào dōng jì wēn chā huì shǐ sōnghuājiāngshuǐchǎnshēng wù qì jiāngmiànshang bái wù niǎoniǎo jiǔ bù xiāo sàn yánjiāng de shù mù zài yī dìng de qì yā fēngxiàng wēn dù děngtiáo jiàn de zuòyòng xià jiāngmiàn de dà liàng wù qì yù lěng hòu biàn yǐ shuāng de xíng shì níng jié zài zhōuwéi cū xì bù tóng de shù zhī shang xíngchéng dà miàn jī de wù sōng qí guān

一到冬季，温差会使松花江水产生雾气，江面上白雾袅袅，久不消散。沿江的树木在一定的气压、风向、温度等条件的作用下，江面的大量雾气遇冷后便以霜的形式凝结在周围粗细不同的树枝上，形成大面积的雾凇奇观。

měi lì de wù sōng
▶ 美丽的雾凇

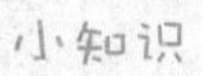

小知识

jí lín wù sōng yǔ guì lín shānshuǐ yún nán shí lín hé sān xiá tóng wéi zhōng guó sì dà zì rán qí guān

吉林雾凇与桂林山水、云南石林和三峡同为中国四大自然奇观。

▲ 犹如画境的雾凇景观

吉林雾凇

我国北方除吉林外，也有一些地方偶尔也有雾凇出现，但其结构紧密，密度大，对树木、电线及某些附着物有一定的破坏力。而吉林雾凇不仅因为结构很疏松，密度很小，没有危害，而且还对人类有很多益处。

空气“清洁器”

空气中存在着肉眼看不见的大量微粒，它们悬浮在空气中，危害人的健康。雾凇初始阶段的凇附，吸附微粒沉降到大地，净化空气，因此，吉林雾凇还是天然大面积的空气“清洁器”。

▶ 雾凇

天然“消音器”

吉林雾凇由于具有浓厚、结构疏松、密度小、空隙度高的特点，因此对音波反射率很低，能吸收和容纳大量音波，当人们处在形成雾凇的成排密集的树林里，常常会感到很幽静。

冻雨

冻雨是初冬或冬末春初时节见到的一种天气现象。当雨滴从空中落下来时，由于近地面的气温很低，在电线杆、树木、植被及道路表面都会冻结上一层晶莹透亮的薄冰，气象上把这种天气现象称为“冻雨”。

美丽的“冻雨”

“冻雨”落在电线、树枝、地面上，随即结成外表光滑的一层薄冰，冰越结越厚，结聚过程中还边流动边冻结，结果便制造出一串串钟乳石似的冰柱，俗称“冰挂”，它们晶莹透亮，遇上阳光，放射出五彩光芒，非常好看。

◀ 冻雨

小知识

我国南方一些地区把冻雨又叫做“下冰凌”，北方则称它为“地油子”。

dòng yǔ de wēi hài
冻雨的危害

dòng yǔ chángcháng zào chéng shí fēn yánzhòng de wēi hài rú diànxiànshang jié shangbīng líng hòuzēng
冻雨常常造成十分严重的危害。如电线上结上冰凌后增
jiā le zhòngliàng yù lěng huì fā shēngshōusuō shǐ dé diànxiànbēngduàn dǎo zhì tōng xìn hé shū diàn
加了重量、遇冷会发生收缩，使得电线绷断，导致通信和输电
zhōngduàn shì gù nóngzuò wù yù dàodòng yǔ hòu bèi dòngshāng dòng sǐ děng
中断事故；农作物遇到冻雨后被冻伤、冻死等。

dòng yǔ duō fā dì
冻雨多发地

wǒ guó chū xiàn dòng yǔ jiào duō de dì qū shì guì zhōu shěng qí cì shì hú nán shěng jiāng xī
我国出现冻雨较多的地区是贵州省，其次是湖南省、江西
shěng hú běi shěng hé nán shěng ān huī shěng jiāng sū shěng jí shān dōng shěng hé běi shěng shǎn
省、湖北省、河南省、安徽省、江苏省及山东省、河北省、陕
xī shěng gān sù shěng liáo níng shěng nán bù děng dì qí zhōng shān qū bǐ píng yuán duō gāo shān zuì duō
西省、甘肃省、辽宁省南部等地，其中山区比平原多，高山最多。

diànxiàn gān shang chū xiàn dòng yǔ xiànxiàng
▶ 电线杆上出现冻雨现象

zāi hài yìng duì
灾害应对

dāng dòng yǔ fā shēng shí yào jí shí bǎ diànxiàn diàn
当冻雨发生时，要及时把电线、电
gān tiě tǎ shang de jī bīng qiāo guā gān jìng zài jī chǎng
杆、铁塔上的积冰敲刮干净；在机场，
yào jí shí qīng lǐ pǎo dào hé fēi jī shang de jī bīng duì yú
要及时清理跑道和飞机上的积冰。对于
gōng lù shang de jī bīng jí shí sǎ yán róng bīng bìng zǔ
公路上的积冰，及时撒盐融冰，并组
zhī rén lì qīng sǎo lù miàn rú guǒ fā shēng shì gù yīng dāng
织人力清扫路面。如果发生事故，应当
zài shì fā xiàn chǎng shè zhì míng xiǎn biāo zhì
在事发现场设置明显标志。

bīng shān
冰山

zài mángmáng de dà hǎi shang piāo fú de bīng shān jiù xiàng yī zuò jù xíng de hàn bái yù diāochéng de hǎi shànggōng diàn zài yángguāng de zhào shè xià jīng yíng tī tòu xuàn lì duō zī rán ér wài biǎo měi lì de bīng shān què shì yī gè wēi xiǎn de shā shǒu tā chángcháng chū mò yú gāo wěi dù de hǎi qū gěi guò wǎng de chuán zhī dài lái zāi nàn

在茫茫的大海上，漂浮的冰山就像一座巨型的汉白玉雕成的海上宫殿，在阳光的照射下，晶莹剔透，绚丽多姿。然而，外表美丽的冰山却是一个危险的杀手，它常常出没于高纬度的海区，给过往的船只带来灾难。

bīngshān de dànshēng
冰山的诞生

dāngbīngchuān lái dào hǎi àn biānshang xiàngchángcháng de shé tou bīng shé mànmànshēn rù hǎi zhōng fú zài hǎi yángshang de jù dà bīng kuài huì chángcháng zhuàng jī bīng shé bèi zhuàngduàn de bīng shé jiù shì bīngshān bīngshān tōngcháng duō jiàn yú nán jí zhōu yǔ gé líng lán dǎo zhōu wéi tā dà duō zài chūn xià liǎng jì nèi xíngchéng nà shí jiào nuǎn de tiān qì shǐ bīngchuān huò bīng gài biānyuán fā shēng fēn liè de sù dù jiā kuài

当冰川来到海岸边上，像长长的舌头（冰舌）慢慢伸入海中，浮在海洋上的巨大冰块会常常撞击冰舌，被撞断的冰舌就是冰山。冰山通常多见于南极洲与格陵兰岛周围。它大多在春夏两季内形成，那时较暖的天气使冰川或冰盖边缘发生分裂的速度加快。

bīngshān
▼ 冰山

小知识

bīngshān bìng bù shì hǎi bīng jié chéng de tā lái zì bèi zhuàng duàn de bīng chuān shǔ yú dàn shuǐ bīng

冰山并不是海冰结成的，它来自被撞断的冰川，属于淡水冰。

běi bīngyáng de bīngshān
北冰洋的冰山

měi nián jǐn cóng gé líng lán xī bù bīngchuān chǎnshēng de bīngshān jiù yǒu yuē yī wàn zuò zhī duō běi
每年仅从格陵兰西部冰川产生的冰山就有约一万座之多。北
bīngyáng de bīngshān gāo kě dá shù shí mǐ cháng kě dá yī èr bǎi mǐ xíngzhuàng duōyàng
冰洋的冰山高可达数十米，长可达一二百米，形状多样。

nán jí bīngshān
南极冰山

dà duō shù nán jí bīngshān shì dāng nán jí dà lù bīng gài xiàng hǎi miàn fāngxiàng biàn báo bìng tū chū dào dà yáng lǐ chéngwéi yī qián yán dá shù qiān mǐ cháng de jù dà bīng jià zhú jiàn duàn liè kāi lái ér xíngchéng de tā yì bān chéng píng bǎn zhuàng qiě shù liàng duō tǐ jī dà
大多数南极冰山是当南极大陆冰盖向海面方向变薄，并突出到大洋里成为一前沿达数千米长的巨大冰架，逐渐断裂开来而形成的。它一般呈平板状且数量多、体积大。

nán jí bīngshān
▲南极冰山

zuì wēi xiǎn de dí rén
最危险的“敌人”

zài jí dì hángxíng jiā yǎn lǐ piāo fú de bīngshān shì zuì wēi xiǎn de dí rén lún chuán yù dào tā yǒu shí bèi pò tíng shǐ yī bù xiǎo xīn jiù huì fā shēng pèngzhuàng shì gù lì shǐ shàng yǒu wú shù de chuán yīn zhuàngshàng bīngshān dǎo zhì chénmò shì jiàn zuì zhùmíng de mò guò yú shì jì chū háo huá jù lún tài tǎn ní kè hào zài běi dà xī yáng shang yǔ bīngshān xiāngzhuàng ér chénmò de hǎi nàn
在极地航行家眼里，漂浮的冰山是最危险的“敌人”，轮船遇到它有时被迫停驶，一不小心，就会发生碰撞事故。历史上有无数的船因撞上冰山导致沉没事件。最著名的莫过于20世纪初豪华巨轮“泰坦尼克”号在北大西洋上与冰山相撞而沉没的海难。

tài tǎn ní kè hào yǔ bīngshān xiāngzhuàng de xiǎngxiàng tú
▶“泰坦尼克”号与冰山相撞的想象图

bīng jià
冰架

bīng jià shì zhǐ lù dì bīng yán shēn dào hǎi yáng de nà bù fen dāng bīng jià bēng jiě hòu jiù huì chéng wéi bīng shān bīng jià yǒu dà yǒu xiǎo dà de bīng jià kě dá shù wàn píng fāng gōng lǐ liǎng jí dì qū shì bīng jià zuì wéi jí zhōng de dì qū wèi yú nán jí dì qū de luó sī bīng jià shì shì jiè shang zuì dà de bīng jià

冰架是指陆地冰延伸到海洋的那部分，当冰架崩解后就会成为冰山，冰架有大有小，大的冰架可达数万平方公里。两极地区是冰架最为集中的地区。位于南极地区的罗斯冰架是世界上最大的冰架。

luó sī bīng jià
罗斯冰架

zài nán jí dà lù zhōuwéi yuè jiē jìn dà lù de biānyuán bīngcéng huì biàn de yuè báo bìng shēnxiàng hǎi yáng zài hǎi yáng hǎi bīng fú zài shuǐmiànshang xíngchéng le kuānguǎng de bīng jià qí zhōng wèi yú nán jí ài dé huá qī shì bàn dǎo yǔ luó sī dǎo zhī jiān de luó sī bīng jià shì shì jiè shang miàn jī zuì dà de bīng jià tā de miàn jī jī hū yǔ fǎ guó tóngyàng dà xiǎo

在南极大陆周围，越接近大陆的边缘，冰层会变得越薄，并伸向海洋，在海洋，海冰浮在水面上，形成了宽广的冰架。其中，位于南极爱德华七世半岛与罗斯岛之间的罗斯冰架是世界上面积最大的冰架，它的面积几乎与法国同样大小。

luó sī bīng jià
▼ 罗斯冰架

小知识

luó sī bīng jià shì yīng guó chuánzhǎng zhān mǔ sī kè lā kè luó sī jué shì yú nián fā xiàn de

罗斯冰架是英国船长詹姆斯·克拉克·罗斯爵士于1840年发现的。

yánshēn de bīng jià
延伸的冰架

xiàn zài luó sī bīng jià réng yǐ měi tiān mǐ de sù dù xiàng hǎi yáng yánshēn dāngbīng
现在，罗斯冰架仍以每天1.5～3米的速度向海洋延伸，当冰

jià de mòduānyóu yú nèi lì hé wài lì de zuòyòng jiù huì duàn liè chéng jù dà de suì kuài zài hǎi shang
架的末端由于内力和外力的作用就会断裂成巨大的碎块，在海上

xiàng sì fāngpiāo fú
向四方漂浮。

kuānguǎng de bīng jià
▲ 宽广的冰架

fēng fù de shēng wù
丰富的生物

luó sī bīng jià fù jìn de dòng wù zhǔ yào yǒu jīng hǎi bào hé qǐ é tā men cóng lù dì zhōu
罗斯冰架附近的动物主要有鲸、海豹和企鹅，它们从陆地周

wéi de hǎi shuǐ zhōng mì qǔ shí wù lán jīng shì mù qián suǒ zhī shì jiè shang zuì dà de dòng wù luó sī
围的海水中觅取食物。蓝鲸是目前所知世界上最大的动物。罗斯

bīng jià hǎi yù de fú yóu shēng wù rú jiǎ ké dòng wù hěn fēng fù qí zhōng lín xiā de yùn cáng liàng shí fēn
冰架海域的浮游生物如甲壳动物很丰富，其中磷虾的蕴藏量十分

jù dà
巨大。

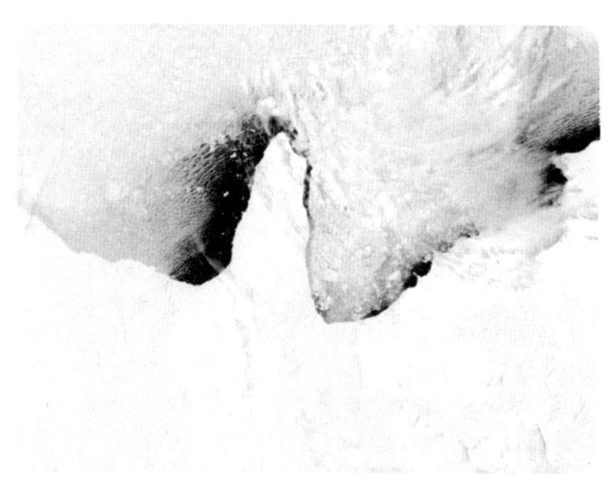

fēi ěr xī nà bīng jià
▲ 菲尔希纳冰架

fēi ěr xī nà bīng jià
菲尔希纳冰架

chú luó sī bīng jià wài wēi dé ěr hǎi
除罗斯冰架外，威德尔海

wān yě shì shì jiè zuì zhùmíng de bīng jià tā
湾也是世界最著名的冰架，它

de miàn jī yuē wàn píng fāng qiān mǐ nán jí
的面积约40万平方千米。南极

zhōu yǒu dà xiǎo bù děng de lù yuán bīng jià yuē
洲有大小不等的陆缘冰架约300

gè zhè xiē bīng jià dōu kào bīng chuān bǔ jǐ
个，这些冰架都靠冰川补给。

bīng hé
冰河

bīng hé jí bīngchuān tā guǎng fàn de fēn bù yú dì qiú de nán běi liǎng jí hé gāo shānshang
冰河即冰川，它广泛地分布于地球的南北两极和高山上，
shì dì qiú shang zuì dà de dàn shuǐ shuǐ kù yuē zhànquán qiú dàn shuǐ chǔ liàng de shì jiè shang
是地球上最大的淡水水库，约占全球淡水储量的69%，世界上
xǔ duō dà jiāng dà hé dōu fā yuán yú bīngchuān yīn cǐ bīngchuān shì dì qiú shangzhòngyào de dàn shuǐ
许多大江大河都发源于冰川，因此，冰川是地球上重要的淡水
zī yuán
资源。

liú dòng de bīngchuān
流动的冰川

yóu yú bīngchuānnénggòu zài zì shēnzhòng lì zuòyòng xià yán zhe yī dìng de dì xíngxiàng xià huádòng
由于冰川能够在自身重力作用下沿着一定的地形向下滑动，
rú tónghuǎnmàn liú dòng de hé liú yī yàng suǒ yǐ rénmen qǐ le yī gè xíngxiàng de míng zi jiào zuò bīng hé
如同缓慢流动的河流一样，所以人们起了一个形象的名字叫做冰河。

bīng hé
▼冰河

小知识

wǒ guó de bīng chuān fēn bù zài xīn jiāng qīng hǎi gān sù sì chuān yún nán hé xī cáng shěng qū
我国的冰川分布在新疆、青海、甘肃、四川、云南和西藏6省区。

ān dì sī shānbīng hé
安第斯山冰河

xíngchéng
形成

bīngchuānbīng shì yóujiàng luò dào jí dì huò
冰川冰是由降落到极地或
gāoshān dì qū de xuězhuǎnbiàn ér lái de jī
高山地区的雪转变而来的。积
xuě suí zhe shí jiān de tuī yí yìng dù hé mì
雪随着时间的推移，硬度和密
dù bù duànzēng jiā xuě lì jiān de kǒng xì bù
度不断增加，雪粒间的孔隙不
duànsuō xiǎo zuì chū xíngchéng de bīngchuān shì
断缩小，最初形成的冰川是
rǔ bái sè de jīng guò màncháng de suì yuè
乳白色的，经过漫长的岁月，
bīngchuānmànmàn de biàn dé jīng yíng tòu chè
冰川慢慢地变得晶莹透彻。

lèi xíng
类型

gēn jù bīngchuān de xíng tài hé fēn bù tè
根据冰川的形态和分布特
diǎn kě yǐ jiāngbīngchuān fēn wéi dà lù bīngchuān
点可以将冰川分为大陆冰川
hé shān yuè bīngchuān liǎng dà lèi dà lù bīng
和山岳冰川两大类。大陆冰
chuānduō chū xiàn zài liǎng jí dì qū shānyuè bīngchuān zé zài shān dì tā men yǒu de wān yán qiān lǐ
川多出现在两极地区。山岳冰川则在山地，它们有的蜿蜒千里，
jìng wò yōu gǔ yǒu de qì shì bàng bó rú pù bù zhí xiè ér xià
静卧幽谷；有的气势磅礴，如瀑布直泻而下。

jiāng hé zhī yuán
江河之源

bīngchuān de biàn huàshòudào dì qiú qì hòu biàn huà de yǐngxiǎng tóng shí tā yě fǎn guò lái yǐngxiǎng
冰川的变化受到地球气候变化的影响，同时它也反过来影响
zhezhōu wéi de huánjìng ér wèi yú zhōng wěi dù dì qū de shān dì bīngchuān jiù xiàng shì yí zuò zuò shuǐ
着周围的环境。而位于中纬度地区的山地冰川就像是一座座水
tǎ bǔ yù zhezhòngduō de dà jiāng dà hé bīngchuān qí shí jiù shì jiāng hé zhī yuán
塔，哺育着众多的大江大河，冰川其实就是江河之源。

xuě bēng
雪崩

xuě bēng shì yī zhǒng zì rán xiànxiàng tā shì zhǐ dà liàng jī xuě cóng gāo chù tū rán bēng tā xià luò yīn cǐ xuě bēng shì jī xuě shān qū de yī zhǒng yán zhòng zì rán zāi hài xuě bēng fā shēng shí xià luò de bīng xuě yóu rú yī tiáo bái sè xuě lóng téng yún jià wù hū xiào zhe shēng shì líng lì de xiàngshān xià chōng qù lìng rén zhèn hàn
雪崩是一种自然现象，它是指大量积雪从高处突然崩塌下落，因此，雪崩是积雪山区的一种严重自然灾害。雪崩发生时，下落的冰雪犹如一条白色雪龙，腾云驾雾，呼啸着，声势凌厉地向山下冲去，令人震撼。

fā shēngxuěbēng de yuán yīn
发生雪崩的原因

zàochéngxuěbēng de yuán yīn zhǔ yào shì shān pō jī xuě tài hòu jī xuě jīngyángguāngzhàoshè yǐ hòu biǎocéngxuě rónghuà xuě shuǐshèn rù jī xuě hé shān pō zhī jiān cóng ér shǐ jī xuě yǔ dì miàn de mó cā lì jiǎn xiǎo yǔ cǐ tóng shí jī xuěcéng zài zhòng lì zuòyòng xià kāi shǐ xiàng xià huádòng
造成雪崩的原因主要是山坡积雪太厚。积雪经阳光照射以后，表层雪融化，雪水渗入积雪和山坡之间，从而使积雪与地面的摩擦力减小；与此同时，积雪层在重力作用下，开始向下滑动。

jī xuě dà liànghuádòng jiù huì zàochéngxuěbēng
积雪大量滑动就会造成雪崩。

xuěbēng
▼雪崩

小知识

dāng rén bèi xuě duī yǎn mái hòu bàn gè xiǎo shí bù nénghuò jiù de huà shēnghuán xī wàng jiù hěn miǎománg le
当人被雪堆掩埋后，半个小时不能获救的话，生还希望就很渺茫了。

外力的作用

当山坡的积雪达到一定程度，即使是一点点外界的力量，比如动物的奔跑、滚落的石块、甚至在山谷中大喊一声，都足以引发雪崩。

▲ 雪崩像白色的雪龙

人为原因

除了山坡形态，雪崩在很大程度上还取决于人类活动。据专家估计，90%的雪崩都由受害者或者他们的队友造成。滑雪、徒步旅行或其他冬季运动爱好者经常会成为雪崩的导火索。

▲ 滑雪有时也会引发雪崩

引发灾难

雪崩对登山运动往往是致命的，登山者可能会被大雪冲走，被埋，甚至死于雪崩产生的大型气浪。此外，雪崩还会摧毁大片森林，掩埋房舍、交通线路、通讯设施和车辆等。

大气奥秘

地球的外面被一层厚厚的大气包裹着，它没有颜色和气味，既看不见又摸不着，就像地球的“外衣”保护着地球。地球上的打雷闪电、风霜雨雪都发生在大气层中，所以说大气层与人类的生活密切相关。

dà qì yā
大气压

dì qiú de zhōu wéi jù jí le hòu hòu de yī céng kōng qì zhè xiē kōng qì
地球的周围聚集了厚厚的一层空气，这些空气
bèi chēng wéi dà qì céng yóu yú kōng qì kě yǐ xiàng shuǐ nà yàng zì yóu de liú dòng
被称为大气层。由于空气可以像水那样自由地流动，
tóng shí tā yě shòu zhòng lì zuò yòng yīn cǐ kōng qì de nèi bù xiàng gè gè fāng xiàng dōu yǒu yā qiáng
同时它也受重力作用，因此空气的内部向各个方向都有压强，
zhè gè yā qiáng bèi chēng wéi dà qì yā
这个压强被称为大气压。

qì yā yǔ tiān qì biàn huà
气压与天气变化

qì yā de biàn huà dài lái tiān qì de biàn huà xíng chéng fēng de liú dòng fēng dài lái le hán yǒu
气压的变化带来天气的变化，形成风的流动。风带来了含有
dà liàng shuǐ fèn de kōng qì zuì hòu xíng chéng yǔ jiàng luò xià lái qì yā shàng shēng biǎo míng jiāng huì
大量水分的空气，最后形成雨降落下来。气压上升，表明将会
yǒu yī gè qíng lǎng de tiān qì qì yā xià jiàng biǎo míng tiān qì kě néng huì zhuǎn wéi duō yún huò yǔ
有一个晴朗的天气；气压下降，表明天气可能会转为多云或雨、
xuě wèi le bǎo chí píng héng gāo yā hé dī yā zǒng shì bù tíng de yí dòng tiān qì yě suí zhī fā
雪。为了保持平衡，高压和低压总是不停地移动，天气也随之发
shēng biàn huà
生变化。

小知识

yī nián zhī zhōng tōng
一年之中，通
cháng dōng jì de qì yā bǐ
常冬季的气压比
xià jì de qì yā gāo
夏季的气压高。

qì yā xià jiàng zào chéng jiàng yǔ
◀ 气压下降造成降雨

▲高山上大气压较低

决定压强大小的因素

在地球表面随地势的升高，地球对大气层气体分子的引力逐渐减小，空气分子的密度减小；同时大气的温度也降低。所以在地球表面，随地势高度的增加，大气压的数值是逐渐减小的。

气压的日变化

一天中，地球表面的大气压有一个最高值和一个最低值。最高值出现在9～10时。最低值出现在15～16时。

大气压的运用

生活中，我们常常可以看到对大气压的运用，比如高压锅，在其中封闭了空气，给锅内空气加热时，锅内气体压强增大，使锅内的水沸腾时温度更高，更容易煮熟食物。

▲高压锅

shēng yīn chuán bō
声音传播

zài wǒ men de zhōu wéi chōngmǎn le shēng yīn gōngyuán lǐ chánchán de liú shuǐshēng dòng wù yuán lǐ niǎo ér de míng jiào shēng hái yǒu dà jiē shang qì chē de lǎ bā shēng zhè xiē shēng yīn dōu shì yóu wù tǐ zhèndòng chǎnshēng de zhèndòng yǐ shēng bō de xíng shì tōng guò kōng qì jiè zhì chuán rù rén men de ěr duo wǒ men jiù shì zhè yàng tīng dào le shēng yīn

在我们的周围充满了声音，公园里潺潺的流水声，动物园里鸟儿的鸣叫声，还有大街上汽车的喇叭声，这些声音都是由物体振动产生的，振动以声波的形式通过空气介质传入人们的耳朵，我们就是这样听到了声音。

shēngyuán
声源

rèn hé nénggòu fā chūshēng yīn de wù tǐ dōu bèi chēngwéi shēngyuán bǐ rú zhèng zài yǎn zòu de gāng qín zhèng zài jiǎng kè de lǎo shī děng tīng dào de shēng yīn dà xiǎo hé dào shēngyuán de jù lí yǒuguān zài yī bān qíng kuàng xià lí shēngyuán yuè yuǎn tīng dào de shēng yīn jiù yuè xiǎo rú guǒ lí de tài yuǎn jiù tīng bù jiàn shēng yīn le

任何能够发出声音的物体都被称为声源，比如，正在演奏的钢琴、正在讲课的老师等。听到的声音大小和到声源的距离有关，在一般情况下，离声源越远，听到的声音就越小，如果离得太远，就听不见声音了。

shēng yīn tōng guò huà tǒng chuán bō chū lái

◀ 声音通过话筒传播出来

小知识

shēng bō zài liǎng zhǒng jiè zhì de jiāo jiè miàn chù fā shēng fǎn shè jiù huì xíng chéng huí shēng

声波在两种介质的交界面处发生反射就会形成回声。

传播介质

声音并不是凭空传播的，而是要依赖一些物体，这些物质被称为介质，空气、树木、石头和水都是可以传播声音的介质。比如，当天空中打雷时，通过空气这个介质，声音才能传到我们的耳朵里。

▲人们听到的潺潺的流水声是通过空气传播到人耳朵里的

传播速度

越坚硬的物体，越有利于声音的传播。水传播声音的能力比空气强，而铁块传播声音的能力则比水更强。声音在空气中的传播速度是每秒340米，在水中是每秒1500米，而在铁块中则是每秒5200米。

寂静的太空

在没有空气的真空条件下，声音是无法传播的。例如，在地球大气层外面的宇宙空间里，几乎不存在可以传播声音的媒质，因此在这里听不到任何声音，宇航员之间是通过无线电来交流信息的。

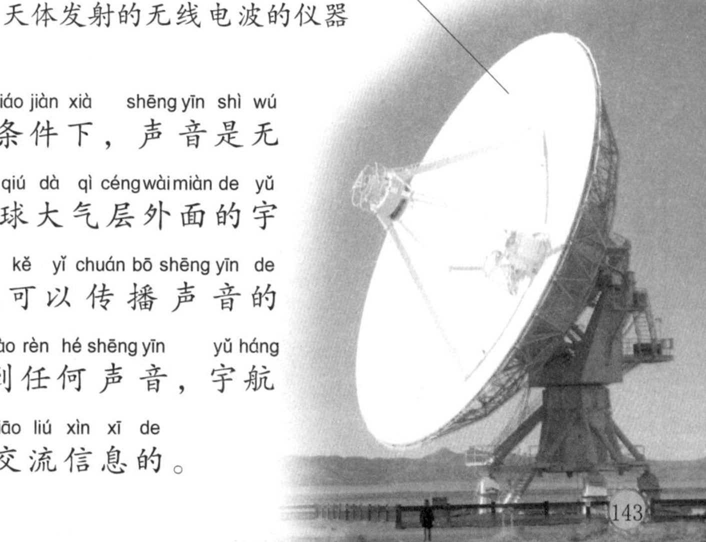

无线电波望远镜是用来接受遥远天体发射的无线电波的仪器

dà qì huán liú

大气环流

zài dì qiú de gāo wěi yǔ dī wěi zhī jiān hǎi yáng yǔ lù dì zhī jiān yóu yú lěng rè bù
在地球的高纬与低纬之间、海洋与陆地之间，由于冷热不
jūn huì chū xiàn qì yā chā yì zhè jiù huì cù shǐ dà qì yùn dòng dà qì huán liú shì jù yǒu shì
均会出现气压差异，这就会促使大气运动。大气环流是具有世
jiè guī mó de dà fàn wéi de dà qì yùn dòng xiàn xiàng duì dì qiú shang qì hòu de xíngchéng jù yǒu
界规模的、大范围的大气运动现象，对地球上气候的形成具有
zhòngyào de yì yì
重要的意义。

xíngchéngyuán yīn

形成原因

xíngchéng dà qì huán liú de zhǔyàoyuán yīn yǒu tài yáng fú shè dì qiú zì zhuàn dì qiú biǎomiàn hǎi lù fēn bù bù jūn yún hé dà qì nèi bù nán běi zhī jiān rè liàng dòng liàng de xiāng hù jiāohuàn
形成大气环流的主要原因有太阳辐射、地球自转、地球表面海陆分布不均匀和大气内部南北之间热量、动量的相互交换。

dà qì huán liú yì chángdǎo zhì tiān qì jù liè biànhuà
▲大气环流异常导致天气剧烈变化

小知识

dà qì huán liú yǐn dǎo zhe bù tóng xìng zhì de qì tuán fēng qì xuán hé fǎn qì xuán de chǎnshēng hé yí dòng
大气环流引导着不同性质的气团、锋、气旋和反气旋的产生和移动。

shūsòng rè liàng hé shuǐ fèn

输送热量和水分

yóu yú tài yáng fú shè dì qiú gōngzhuàn zì zhuàn děng yīn sù de yǐngxiǎng dì qiú biǎomiàn huì chū xiàn lěng rè bù jūn de zhuàngkuàng dà qì huán liú kě yǐ zài gāo dī wěi dù hǎi lù zhī jiān jìn xíng dà liàng de rè liàng hé shuǐ fèn shūsòng zài jīng dù fāngxiàng de rè liàng shūsòng shang dà qì huán liú shūsòng de rè liàng yuē zhàn

由于太阳辐射、地球公转、自转等因素的影响，地球表面会出现冷热不均的状况，大气环流可以在高低纬度、海陆之间进行大量的热量和水分输送。在经度方向的热量输送上，大气环流输送的热量约占80%。

dà qì yùn dòng xiàn xiàng

大气运动现象

tiáo jié qì wēn

调节气温

zài dà qì huán liú hé yáng liú de gòngtóng zuòyòng xià shǐ rè dài wēn dù jiàng dī le zhōng wěi dù wēn dù zé yǒu suǒ shēnggāo běi wěi yǐ shàng de gāo wěi dì qū jìng shēnggāo dá

在大气环流和洋流的共同作用下，使热带温度降低了7～13℃，中纬度温度则有所升高，北纬60°以上的高纬地区竟升高达20℃。

zhòngyào zuòyòng

重要作用

dà qì huán liú zài qì hòu de xíngchéng zhōng qǐ zhe jí qí zhòng yào de zuòyòng zài bù tóng de huán liú kòng zhì xià jiù huì yǒu bù tóng de qì hòu jí shǐ tóng yī huán liú xì tǒng rú huán liú de qiáng dù fā shēng gǎi biàn zé tā suǒ kòng zhì de dì qū de qì hòu yě jiāng fā shēng gǎi biàn rú huán liú chū xiàn yì cháng qíngkuàng zé qì hòu yě jiāng chū xiàn yì cháng

大气环流在气候的形成中起着极其重要的作用。在不同的环流控制下就会有不同的气候，即使同一环流系统，如环流的强度发生改变，则它所控制的地区的气候也将发生改变；如环流出现异常情况，则气候也将出现异常。

季风

季风是一种季节性的风。大约有6个月的时间向一个方向吹，然后在另6个月朝着相反的方向吹。夏季，潮湿的风从海洋吹来，把阴暗有雨的云带向陆地。冬季，恰好相反，风把空气从陆地吹向海洋，给我们带来寒冷干燥的天气。

形成季风的原因

季风是在一年范围内，冬夏季节盛行风向相反的现象。海陆分布、大气环流、地形等因素是形成季风的重要原因。

▼积雨云

小知识

在我国古代，季风有信风、黄雀风、落梅风等各种不同的名称。

季风的影响

▲ 印度季风造成的暴雨

季风活动范围很广，它影响着地球上1/4的面积和1/2人口的生活。南亚、东亚、非洲中部、北美东南部、南美巴西东部和澳大利亚北部，都是季风活动明显的地区，尤以印度季风和东亚季风最为显著。

亚洲的季风特点

亚洲地区冬季盛行东北季风和夏季盛行西南季风，中间的过渡期很短。一般来说，11月至翌年3月为冬季风时期，6～9月为夏季风时期，4～5月和10月为夏、冬季风转换的过渡时期。

季风气候

季风气候是大陆性气候与海洋性气候的混合型。夏季受来自海洋的暖湿气流的影响，天气炎热，潮湿多雨；冬季受来自大陆的干冷气流的影响，气候寒冷，干燥少雨。

◀ 海洋气候影响下的夏天较凉爽

气团

大规模的空气团块叫做气团，它的覆盖范围有时可达100万平方千米。广阔的海洋、冰雪覆盖的大陆、一望无际的沙漠等，都可以形成气团。每一种气团都会带来一种特定的天气。

气团的分类

气团的分类方法主要有三种，一种是按气团的热力性质不同，划分为冷气团和暖气团；第二种是按气团的湿度特征的差异，划分为干气团和湿气团，第三种是按气团的发源地，常分为北冰洋气团、极地气团，热带气团、赤道气团。

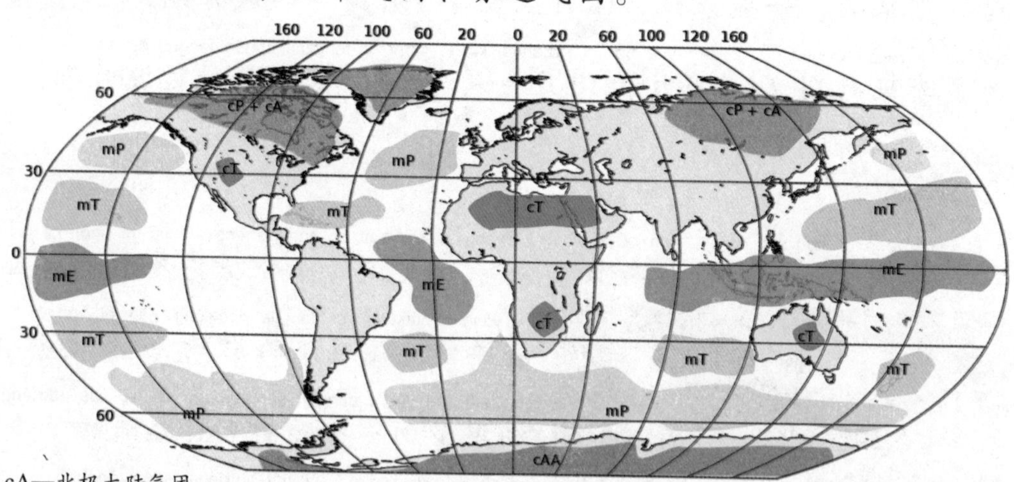

▲ 全球气团的源区

cA—北极大陆气团
cAA—南极大陆气团
cP—极地大陆气团
mP—极地海洋气团

cT—热带大陆气团
mT—热带海洋气团
mE—赤道海洋气团

冷气团

小知识

影响我国境内的气团主要是极地大陆气团和热带海洋气团。

当气团的温度比流经的地区低，或者两个气团相遇时，温度较低的气团叫做冷气团。冷气团会使所到之处的温度降低，夏季时，若冷气团中水汽含量多，常形成积云和积雨云，产生雷阵雨天气。

暖气团

当气团温度高于流经地区，或两个气团相遇时，温度较高的气团叫暖气团。暖气团会使所到的地区变暖。如果暖气团中水汽含量多，常形成层云、层积云，并下毛毛雨，有时会出现平流雾。如果暖气团中水汽含量较少，天气就较好。

▶ 冷气团带来厚厚的云层

锋与天气

两种气团相遇形成的狭长过渡区域叫锋。在锋附近，天气多变，常伴有云和雨。锋有三种：暖气团向冷气团方向移动的叫“暖锋”；冷气团向暖气团方向移动的叫“冷锋”；冷暖气团在短时期内来回移动，叫“静止锋”。

hán cháo
寒潮

hán cháo shì běi fāng de lěng kōng qì dà guī mó de xiàng nán qīn xí wǒ guó zào chéng dà fàn wéi
寒潮是北方的冷空气大规模地向南侵袭我国，造成大范围
jí jù jiàng wēn hé piān běi dà fēng de tiān qì guò chéng hán cháo yī bān duō fā shēng zài qiū mò dōng
急剧降温和偏北大风的天气过程。寒潮一般多发生在秋末、冬
jì chū chūn shí jié shì yī zhǒng zāi hài xìng tiān qì rén men xí guàn jiāng hán cháo chēng wéi hán liú
季、初春时节，是一种灾害性天气。人们习惯将寒潮称为寒流。

háncháo de dìng yì
寒潮的定义

wǒ guó qì xiàng bù mén guī dìng lěng kōng qì qīn rù zào chéng de jiàng wēn yī tiān nèi dá dào
我国气象部门规定：冷空气侵入造成的降温，一天内达到
yǐ shàng ér qiě zuì dī qì wēn zài yǐ xià zé chēng cǐ lěng kōng qì bào fā guò chéng wéi
10℃以上，而且最低气温在5℃以下，则称此冷空气爆发过程为
yī cì hán cháo guò chéng kě jiàn bìng bù shì měi yī cì lěng kōng qì nán xià dōu chēng wéi hán cháo
一次寒潮过程。可见，并不是每一次冷空气南下都称为寒潮。

hán cháo lái xí huì chū xiàn jiàng wēn xiàn xiàng
▼ 寒潮来袭会出现降温现象

小知识

hán cháo hái fēi cháng yǒu zhù yú zì rán jiè de shēng tài bǎo chí píng héng bǎo chí wù zhǒng de fán mào
寒潮还非常有助于自然界的生态保持平衡，保持物种的繁茂。

háncháo de xíngchéng
寒潮的形成

yóu yú běi jí hé xī bó lì yà yī dài de qì wēn hěn dī kōng qì bù duàn shōu suō xià chén shǐ qì yā zēng gāo zhè yàng biàn xíng chéng yī gè shì lì qiáng dà shēn hòu kuān guǎng de lěng gāo yā qì tuán dāng qí shì lì zēng qiáng dào yī dìng chéng dù shí jiù huì xiàng jué le dī de hǎi cháo yī yàng yī xiè qiān lǐ xiōng yǒng péng pài de xiàng zhōng guó xí lái zhè jiù shì hánchái

由于北极和西伯利亚一带的气温很低，空气不断收缩下沉，使气压增高，这样，便形成一个势力强大、深厚宽广的冷高压气团。当其势力增强到一定程度时，就会像决了堤的海潮一样，一泻千里，汹涌澎湃地向中国袭来，这就是寒潮。

hánch, de wēi xié
寒潮的威胁

hán cháo hé qiáng lěng kōng qì tōng cháng dài lái de dà fēng jiàng wēn tiān qì duì yán hǎi dì qū zào chéng hěn dà wēi xié hán cháo huì yǐn fā fēng bào cháo shàng zhǎng de hǎi shuǐ huì chōng huǐ hǎi dī shǐ hǎi shuǐ dào guàn hán cháo dài lái de yǔ xuě hé bīng dòng tiān qì cháng cháng shǐ dào lù jié bīng jiāo tōng shì gù míng xiǎn shàng shēng

寒潮和强冷空气通常带来的大风、降温天气对沿海地区造成很大威胁。寒潮会引发风暴潮，上涨的海水会冲毁海堤，使海水倒灌。寒潮带来的雨雪和冰冻天气常常使道路结冰，交通事故明显上升。

hán cháo zào chéng de dà miàn jī jiàng xuě
▲寒潮造成的大面积降雪

fēng tiáo yǔ shùn de bǎozhèng
风调雨顺的保证

qì xiàng xué jiā rèn wéi hán cháo shì fēng tiáo yǔ shùn de bǎo zhàng zhōng guó shòu jì fēng yǐng xiǎng dōng tiān qì hòu gān hàn wéi kū shuǐ qī dàn měi dāng hán cháo nán qīn shí cháng huì dài lái dà fàn wéi de yǔ xuě tiān qì huǎn jiě le dōng tiān de hàn qíng shǐ nóng zuò wù shòu yì

气象学家认为，寒潮是风调雨顺的保障。中国受季风影响，冬天气候干旱，为枯水期。但每当寒潮南侵时，常会带来大范围的雨雪天气，缓解了冬天的旱情，使农作物受益。

gān hàn

干旱

zài dì qiú shang bìng bù shì suǒ yǒu de dì fang dōu huì fēng tiáo yǔ shùn yǒu shí hòu mǒu
在地球上，并不是所有的地方都会风调雨顺。有时候，某
xiē dì fang de yī gè shí qī nèi jiàng shuǐ hěn shǎo jiù huì zào chéng gān hàn de tiān qì gān hàn huì
些地方的一个时期内降水很少，就会造成干旱的天气。干旱会
gěi rén lèi zhí wù yǐ jí dòng wù de shēng huó dài lái wēi xié cóng gǔ zhì jīn gān hàn dōu shì
给人类、植物以及动物的生活带来威胁。从古至今，干旱都是
rén lèi miàn lín de zhǔ yào zì rán zāi hài
人类面临的主要自然灾害。

shén me shì gān hàn

什么是干旱？

gān hàn bìng bù shì zhǐ yī diǎn yǔ yě bù xià ér shì hé yǐ wǎng xiāng bǐ jiàng shuǐ liàng míng xiǎn
干旱并不是指一点雨也不下，而是和以往相比，降水量明显
piān dī yǐ zhì yú bù néng mǎn zú dì miàn shang shēng wù de xū qiú yīn cǐ gān hàn bù jǐn jǐn chū
偏低，以至于不能满足地面上生物的需求，因此干旱不仅仅出
xiàn zài dà lù nèi bù yě huì fā shēng zài hǎi biān
现在大陆内部，也会发生在海边。

gān hàn zào chéng de guī liè tǔ dì
▼干旱造成的龟裂土地

小知识

gān hàn fēn wéi xiǎo hàn zhōng hàn dà hàn hé tè dà hàn sì lèi
干旱分为小旱、中旱、大旱和特大旱四类。

kě pà de gān hàn
可怕的干旱

gān hàn zào chéng zhí wù wú fǎ shēngzhǎng
▲ 干旱造成植物无法生长

gān hàn shì duì rén lèi wēi xié zuì dà de zāi nàn xìng tiān qì gān hàn fā shēng shí zhí wù dé bù dào shuǐ fèn dà liàng de kū wěi sǐ wáng hǎo duō dì fang de rén men huì méi yǒu shuǐ hē zhè huì hěn kuài yǐng xiǎng dào dòng wù

干旱是对人类威胁最大的灾难性天气，干旱发生时，植物得不到水分，大量的枯萎死亡。好多地方的人们会没有水喝，这会很快影响到动物。

zuì gān hàn de dì qū
最干旱的地区

shā mò shì dì qiú shang jiàng shuǐ liàng zuì shǎo de dì qū zài shā mò lǐ rèn hé zhí wù dōu hěn nán shēng cún yīn cǐ zhè lǐ shì yī piàn huāng liáng méi yǒu rèn hé shēng jī yě bù shì hé rén lèi shēng cún yīn cǐ shā mò bèi chēng wéi shēng mìng jìn qū

沙漠是地球上降水量最少的地区，在沙漠里任何植物都很难生存，因此这里是一片荒凉，没有任何生机，也不适合人类生存，因此沙漠被称为生命禁区。

gān hàn de shā mò
▲ 干旱的沙漠

guān zhù de wèn tí
关注的问题

rú jīn suí zhe shè huì jīng jì de fā zhǎn hé rén kǒu péng zhàng shuǐ zī yuán duǎn quē xiàn xiàng rì qū yán zhòng zhè yě zhí jiē dǎo zhì le gān hàn dì qū de kuò dà yǔ gān hàn huà chéng dù de jiā zhòng gān hàn huà qū shì yǐ chéng wéi quán qiú guān zhù de wèn tí

如今，随着社会经济的发展和人口膨胀，水资源短缺现象日趋严重，这也直接导致了干旱地区的扩大与干旱化程度的加重，干旱化趋势已成为全球关注的问题。

bīng báo
冰雹

bīng báo sú chēng báo zi, yǒu de dì qū jiào "lěng zi", shì yī zhǒng gù tài jiàng shuǐ,
冰雹俗称雹子，有的地区叫“冷子”，是一种固态降水，
cháng cháng fā shēng zài xià jì huò chūn xià zhī jiāo. cóng tiān kōng zhōng luò xià de bīng báo jiù rú tóng yī
常常发生在夏季或春夏之交。从天空中落下的冰雹就如同一
lì lì xiǎo bīng qiú, báo de zhí jìng yuè dà, pò huài lì jiù yuè dà. bīng báo cháng zá huài zhuāng
粒粒小冰球，雹的直径越大，破坏力就越大。冰雹常砸坏庄
jià, wēi xié rén chù ān quán, shì yī zhǒng yán zhòng de zì rán zāi hài.
稼，威胁人畜安全，是一种严重的自然灾害。

bīng báo de chéng yīn
冰雹的成因

rú guǒ yī piàn yún de wēn dù hěn dī, dàn shì yún zhōng de yǔ dī què méi yǒu jí shí luò xià lái,
如果一片云的温度很低，但是云中的雨滴却没有及时落下来，
nà me zhè xiē yǔ dī jiù huì jì xù níng jié chéng bīng báo yún. dāng shàng shēng de qì liú méi yǒu zú gòu
那么这些雨滴就会继续凝结成冰雹云。当上升的气流没有足够
de lì qi zài tuō zhù bīng báo de shí hou, zhè xiē bīng báo jiù fēn fēn cóng tiān kōng luò xià lái.
的力气再托住冰雹的时候，这些冰雹就纷纷从天空落下来。

bīng báo yún
冰雹云

小知识

qiū líng dì qū de dì xíng hěn fù zá, shì zuì róng yì fā shēng bīng báo de dì fang.
丘陵地区的地形很复杂，是最容易发生冰雹的地方。

zāi hài xìng tiān qì
灾害性天气

bīng báo shì yī zhǒng jù liè de qì xiàng zāi
冰雹是一种剧烈的气象灾
hài tā chū xiàn de fàn wéi suī rán jiào xiǎo shí
害，它出现的范围虽然较小，时
jiān yě bǐ jiào duǎn cù dàn lái shì měng qiáng
间也比较短促，但来势猛、强
dù dà bìng cháng cháng bàn suí zhe kuáng fēng qiáng
度大，并常常伴随着狂风、强
jiàng shuǐ jí jù jiàng wēn děng zhèn fā xìng zāi hài
降水、急剧降温等阵发性灾害
xìng tiān qì guò chéng
性天气过程。

bīng báo de wēi hài
冰雹的危害

měng liè de bīng báo huì huǐ huài
猛烈的冰雹会毁坏
zhuāng jià sǔn huài fáng wū rén
庄稼、损坏房屋，人
bèi zá shāng shēng chù bèi zá sǐ de
被砸伤、牲畜被砸死的
qíng kuàng yě cháng cháng fā shēng tè
情况也常常发生；特
dà de bīng báo hái huì zhì rén sǐ wáng
大的冰雹还会致人死亡、
huǐ huài dà piàn nóng tián hé shù mù
毁坏大片农田和树木、
cuī huǐ jiàn zhù wù hé chē liàng děng
摧毁建筑物和车辆等。

bīng báo duì zhí wù de shāng hài hěn dà
▲冰雹对植物的伤害很大

dà xiǎo bù yī de bīng báo
大小不一的冰雹

yīn wèi shàng shēng qì liú de lì liàng dà xiǎo bù yī yàng zuì hòu chǎn shēng bīng báo de dà xiǎo yě
因为上升气流的力量大小不一样，最后产生冰雹的大小也
bù yī yàng yǒu xiàng lǜ dòu nà me dà yǒu de xiàng lì zi huò jī dàn dà xiǎo shèn zhì yǒu de bīng
不一样：有像绿豆那么大，有的像栗子或鸡蛋大小，甚至有的冰
báo bǐ yòu zi hái dà
雹比柚子还大。

梅雨季节

在我国东南部，每年7月份左右，阴雨连绵不断，气温越来越热，空气潮湿而闷热，由于这种自然气候现象正好发生在江南梅子成熟的时期，所以我们将这种气候现象称为“梅雨”，这段时间也被称为“梅雨季节”。

梅雨出现的地区

梅雨主要出现于副热带季风气候区的我国长江中下游地区和台湾地区以及朝鲜半岛的最南部、日本的中南部。梅雨是东亚地区特有的气候现象，世界同纬度的其他的地区没有梅雨。

▼梅雨季节出现在我国长江中下游地区

小知识

梅雨季节又称黄梅天，在古代时常常被称为黄梅雨。

“入梅”和“出梅”

梅雨开始的日子为“入梅”（或“立梅”），结束那天为“出梅”（或“断梅”）。梅雨开始的时间，大致上纬度越高则时间越晚。我国台湾地区大约在5月中旬入梅，6月中旬出梅，而长江中下游地区，平均每年6月中旬入梅，7月上旬出梅。但具体各地有所差异。

▲ 降雨多是梅雨季节主要的特征

空梅

每一年梅雨的范围、持续时间以及雨量都有很大的不同。在某些应该出现梅雨的地方，某些年份如果没有梅雨，现象称为空梅。

气候特点

梅雨季节里，空气湿度大、气温高，衣物等容易发霉，所以也有人把梅雨称为同音的“霉雨”。

▼ 梅雨季节也往往充满诗情画意

雨季和旱季

在热带和一些亚热带地区，气温的年变化较小，但下雨和不下雨的时间相当集中，所以常用降水量或风向的变化来划分季节，故有雨季和旱季。这种季节的划分在非洲大草原上表现的最为突出。

雨季和旱季的形成

一年中，太阳直射地球表面的范围在南、北半球的回归线之间来回摆动。当太阳直射北回归线时（北半球的夏至），在热带地区就会形成高温多雨的气候，即雨季。当太阳直射南回归线附近时（北半球的冬至），北半球的热带地区会形成降雨稀少的气候，即旱季。

小知识

非洲是世界上热带草原分布面积最大的地区。

▼非洲草原上的旱季

▲ 雨季时，草木生长茂盛

旱季来临时

在非洲大草原上，每当旱季来临之前，许多动物会因食物和水源的不足而长距离地迁徙。留守的动物们则饥肠辘辘，很多动物因为缺少水和食物而死去。不能迁徙的就地自谋生路，比如非洲肺鱼会躲到洞穴里。

季节的划分

据此，气候学家就根据雨水分布的特征来划分季节。如北非的苏丹，一年中的季节就分为3季，即11～1月为干凉季；2～5月为干热季；6～10月为雨季。其中干凉和干热两季，合起来统称为“旱季”。

▲ 非洲草原上的旱季来临时，成群角马开始迁徙。

充满生机的雨季

漫长而充满绝望的旱季过去后，雨季如期而至，非洲肺鱼也会破洞而出，重新游回水里。此时，大草原上，草木欣欣向荣，百花盛开，又成了动物们的天堂。